人类的衣食之源

农业

RENLEI DE YISHI ZHIYUAN NONGYE

王子安◎主编

汕头大学出版社

图书在版编目（CIP）数据

人类的衣食之源——农业 / 王子安主编. -- 汕头：汕头大学出版社，2012.5（2024.1重印）
ISBN 978-7-5658-0780-0

Ⅰ．①人… Ⅱ．①王… Ⅲ．①农业—普及读物 Ⅳ．①S-49

中国版本图书馆CIP数据核字（2012）第096768号

人类的衣食之源——农业

主　　编：王子安
责任编辑：胡开祥
责任技编：黄东生
封面设计：君阅天下
出版发行：汕头大学出版社
　　　　　广东省汕头市汕头大学内　邮编：515063
电　　话：0754-82904613
印　　刷：三河市嵩川印刷有限公司
开　　本：710 mm×1000 mm　1/16
印　　张：16
字　　数：90千字
版　　次：2012年5月第1版
印　　次：2024年1月第2次印刷
定　　价：69.00元
ISBN 978-7-5658-0780-0

前　言

　　浩瀚的宇宙，神秘的地球，以及那些目前为止人类尚不足以弄明白的事物总是像磁铁般地吸引着有着强烈好奇心的人们。无论是年少的还是年长的，人们总是去不断的学习，为的是能更好地了解与我们生活息息相关的各种事物。身为二十一世纪新一代的青年，我们有责任也更有义务去学习、了解、研究我们所处的环境，这对青少年读者的学习和生活都有着很大的益处。这不仅可以丰富青少年读者的知识结构，而且还可以拓宽青少年读者的眼界。

　　原始社会的根本是农业，奴隶社会的根本是农业，封建社会的基础是农业，当代社会生存的根本同样是农业。作为为一个国家、一个民族提供最基本的衣食之需的农业，无疑是一个国家、一个民族的衣食之母、生存之母。农业不仅有着传统的种植业，而且更有着农林牧副渔的广阔内容，是实实在在的文明之根、历史之本。本文讲述的即是跟农业相关的知识，共分为九章。第一章整体介绍了农业的类别和发展现代农业的成功模式；第二至五章分别介绍了林业、畜牧业、渔业、农业中的副业等内容。除此之外，本文还介绍了一些彪炳千古的中外农学家以及中外著名农学古籍的相关内容。文字通俗易懂、简洁明了。通过阅读此书，青少年学生能够对农业相关知识有一定的了解。

　　综上所述，《人类的衣食之源——农业》一书记载了哲学知识中最精彩的部分，从实际出发，根据读者的阅读要求与阅读口味，为读者呈现最有可读性兼趣味性的内容，让读者更加方便地了解历史万物，从而扩大青少年读者的知识容量，提高青少年的知识层面，丰富读者的知识结构，引发读者对万物产生新思想、新概念，从而对世界万物有更加深入的认识。

此外，本书为了迎合广大青少年读者的阅读兴趣，还配有相应的图文解说与介绍，再加上简约、独具一格的版式设计，以及多元素色彩的内容编排，使本书的内容更加生动化、更有吸引力，使本来生趣盎然的知识内容变得更加新鲜亮丽，从而提高了读者在阅读时的感官效果，使读者零距离感受世界万物的深奥、亲身触摸社会历史的奥秘。在阅读本书的同时，青少年读者还可以轻松享受书中内容带来的愉悦，提升读者对万物的审美感，使读者更加热爱自然万物。

尽管本书在制作过程中力求精益求精，但是由于编者水平与时间的有限、仓促，使得本书难免会存在一些不足之处，敬请广大青少年读者予以见谅，并给予批评。希望本书能够成为广大青少年读者成长的良师益友，并使青少年读者的思想得到一定程度上的升华。

2012年7月

目　录
contents

第六章　趣谈人类生命的能源

第七章　彪炳千古的中外农学家

第八章　漫谈中外农学古籍

第九章　概述农业机械简史

第一章

畅谈悠久的农业

人类的衣食之源——农业

我国农业历史悠久，源远流长，从远古时期的茹毛饮血到现代文明的繁盛，农业在人类历史的发展中作出了不可磨灭的贡献。农业为国民经济其他部门提供粮食、副食品、工业原料、资金和出口物资，是人类的衣食之源、生存之本，是一切生产的首要条件。总之，农业是人类社会赖以生存的基本生活资料的来源，也是一切非生产部门存在和发展的基础。国民经济其他部门发展的规模和速度，都要受到农业生产力发展水平和农业劳动生产率高低的制约。农业是支撑国民经济建设与发展的基础产品，而农村又是工业品的最大市场和劳动力的主要来源。本章就简要论述有关农业起源的神话传说、类别以及现代农业等话题。

农 业

农业起源的神话传说

古代时，人们就试图解释农业的起源。由于当时科学文化水平的局限，人们还不可能科学地说明农业究竟是怎样和为什么而产生的，于是就产生了各种各样的神话传说故事，其中在我国流传最广、影响最大的，要数神农氏和伏羲氏的传说。

◆ 关于神农氏

我们中国人常说自己是"炎黄子孙"，其中"黄"指的是"黄帝"，"炎"指的是"炎帝"，而炎帝就是神农氏。炎帝对人类的最大功劳就是发明了农业，因而被人叫作"神农"，意即"农业之神"。这里所谓的农业，实际上是狭义的，即单指种植业，跟我们现在所说的既包括种植业又包括林业、畜牧业、副业、渔业的大农业意义不一样。神农氏是怎样发明农业或者种植业的呢？相传当他来到人世的时候，地球上人口已经大大增加了，单靠采集树木果实和捕获野兽已经满足不了人类的生活所需，于是神农氏做了一把斧子，砍来木头，制成木锹，教人们开荒种地，这样就大大提高了劳动效率。除了发明农业以外，神农氏还是一位医药之神，流传有著名的神话传说"神农尝百草"的故事。传说神农氏为了解除人们疾病的痛苦而试尝百药，最后不幸中毒而献出了自己宝贵的生命。后来还有人假托他

神农氏

的名义写了一本关于药草的书，叫《神农本草经》。原书已佚，现存为后人的辑佚本，共记载药物365种。

◆ **关于伏羲氏**

　　伏羲氏又称"包牺""牺皇"等名称，是一个有名的大神。传说

他有圣德，像日月之明，故称"太昊"。又传说他是人头蛇身，与同是人头蛇身的妹妹女娲成婚，生儿育女，成为人类的始祖。伏羲对人类的贡献很大。据说是他把绳子编织起来，做成渔网，教人们打鱼，从而人类开始了渔猎的历程。又是他取来火种，教人们将肉烤熟了

伏羲女娲像

再吃，从此结束了原始
人茹毛饮血的历史。此
外他还教人们养猪、养
羊、养鸡等。

 农业百花园

农业生产活动的特点

农业的劳动对象主要是有生命的动植物，生产时间与劳动时间不一致，受自然条件影响大，因此有明显的区域性、季节性和周期性等特点。

（1）地域性

农业生产的对象是动植物，需要热量、光照、水、地形、土壤等自然条件。不同的生物，生长发育要求的自然条件不同。世界各地的自然条件、经济技术条件都和国家政策差别很大。因此，农业生产具有明显的地域性。

（2）季节性

狭义的农业指的是种植业，其对象是有季节性的植物，如水稻、小麦、玉米等。南方主要种植水稻，北方则主要种植小麦和玉米，因其不同的种植物成熟的时间不同，因此在收获的季节上也有差异。

（3）周期性

动植物的生长有着一定的规律，并且受自然因素的影响。自然因素（尤其是气候因素）随季节而变化，并有一定的周期。所以，农业生产的一切活动都与季节有关，必须按季节顺序安排，季节性和周期性很明显。

水　稻

农业的类别

由于各国的国情不同，农业包括的范围也不同。狭义的农业仅指种植业或农作物栽培业，广义的农业除种植业外，还包括林业、畜牧业、副业和渔业。有的经济发达国家，还包括为农业提供生产资料

园艺种植

的前部门和农产品加工、储藏、运输、销售等后部门。现阶段，中国农业包括农业（农作物栽培，包括大田作物和园艺作物的生产）、林业（林木的培育和采伐）、牧业（畜禽饲养）、副业（采集野生植物、捕猎野兽以及农民家庭手工业生产）、渔业（水生动植物的采集、捕捞和养殖）。

◆ **按生产对象分类**

农业按生产对象通常分为：种植业、畜牧业、林业、渔业、副业。下面就简要介绍下其中三种农业类型。①种植业。种植业即狭义农业，包括粮食作物、经济作物、饲料作物和绿肥作物等的生产。种植五谷，其具体项目，通常用"十二个字"即粮、棉、油、麻、丝（桑）、茶、糖、菜、烟、果、药、杂来代表。粮食生产尤占主要地位。②畜牧业。畜牧业是指用放牧、圈养或者二者结合的方式饲养畜禽以取得动物产品或役畜的生产

畜 牧

部门，它包括牲畜饲牧、家禽饲养、经济兽类驯养等。畜牧业是农业的主要组成部分之一，是人类与自然界进行物质交换的重要环节。③林业。林业是指保护生态环境、保持生态平衡、培育和保护森林以取得木材和其他林产品、利用林木的自然特性以发挥防护作用的生产部门，是国民经济的重要组成部分之一。

◆ **按投入多少分类**

按在农业活动中投入的多少，农业可分为粗放型农业和密集型农业两种。①粗放型农业。粗放型农业是社会生产力水平低下的产物，即把一定量的劳动力、生产资料分散投入在较多的土地上，采用粗放简作的经营方式进行生产的农业。粗放农业对土地的投入较少，但对劳动的投入所占比重较大，一般在地多人少、边远偏僻、生产比较落后的地区，多采用粗放型经营方式。②密集型农业。密集型农业就是投入的生产资料或劳动较多，用提高单位面积产量的方法来增加农

劳动密集型农业

业产出的农业类型。发展中国家的密集型农业是靠多投入劳动力来提高单产的目的，而发达国家的密集型农业则是靠多投入生产资料、提高科学技术水平来实现的。这种靠多投入劳动力来提高单位面积产量的农业叫劳动密集型农业，我国大部分地区的农业都属于这个类型。

◆ **按产品用途分类**

按农产品的用途，农业可分为自给农业和商品农业。①自给农业。自给农业是在自给自足的自然经济条件下，生产的农畜产品不是直接为满足市场的需要和交换，而是为满足本国或本地区的需要，以自给性生产为主要目的的一种农业。在商品经济不发达、农业生产力落后的广大发展中国家的一些地区，特别是深山边远交通闭塞的地方，长期以此种农业类型为主，所生产的农产品一般以满足自给自足或略有余的程度，经济发展受到很大影响。②商品农业。商品农业是

欧洲农场

在商品经济的条件下，为满足市场对各类农产品的需求而发展起来的以商品性农产品生产为目的的农业。其特点是生产经营比较专业化，且社会化水平和商品化程度较高；农产品商品量较大，商品率高。一般商品经济发达的国家和地区（如西欧、北美各国），商品农业也较发达，农业生产区域专业化程度也较高。

 农业百花园

农业污染

农业所用的药物和化肥虽然对农作物有一定的好处，但是它一旦流入河流就会造成不好的后果，这就是农业污染。农业污染有以下几点：

（1）人、畜、禽粪便污染。在一些村庄畜禽粪便随处可见。

焚烧秸秆污染环境

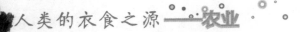

（2）化学肥料、农药污染。调查表明，化肥的超量使用已经导致我国地表及地下水污染加剧，而残留在农副产品中的农药也对人的身体造成伤害。我国农药使用以杀虫剂为主，占农药总用量的78%，其中，又以甲胺磷、敌敌畏等毒性较高的品种使用最多。

（3）焚烧农作物对环境的污染。这里主要指每年夏秋两季焚烧秸秆（即焚烧麦秆和稻秆），每年持续时间大约一个星期，其焚烧过程中产生的烟雾和灰尘对环境造成很大污染。

（4）植物污染。这里主要是指河塘里的水花生，水花生夏秋生长，入冬后腐烂，年复一年，导致河塘里的水发绿、发臭，且水花生的快速繁殖对鱼类的生长和捕捞都有一定影响。现在上海郊区，江苏、湖北等地水域水花生肆虐生长，在湖北洪湖大概就有上万亩水域被其覆盖，严重影响水质和本埠植物生长。

水花生的污染

现代农业

我国农业在原始阶段经历了"刀耕火种"的落后生产方式，小农户的个体经营是传统农耕的主要方式，长期以来耕作技术没有革命性的进步。改革开放以来，我国的农业发展水平由传统的粗放型向集约型过渡，现正在逐步推广现代新型农业。而谈到我国的新型农业，就不能不提到被誉为"东方魔稻"的杂交水稻和正在研究推广的转基因作物。

◆ **现代农业简介和特征**

现代农业是指广泛应用现代科学技术、现代工业提供的生产资料和科学管理方法的社会化农业。其基本特征是：（1）技术经济性能优良的现代农业机器被广泛应用，机器作业基本上取代了人畜力耕作；（2）有完整的高质量的农业基础设施，如良好的道路和仓储设备；（3）在植物学、动物学、遗传学、化学、物理学等学科高度发展的基础上建立起一整套先进的科学技术，并在农业生产中广泛应用；（4）无机能的投入日益增长；（5）生物工程、材料科学、原子能、激光、遥感技术等最新技术在农业生产中开始运用；（6）农业生产高度社会化、专门化；（7）经济数学方法、电子计算机等在农业经营管理中的运用越来越广。

◆ **杂交水稻**

选用两个在遗传上有一定差

现代种植业

异，同时它们的优良性状又能互补的水稻品种，进行杂交，生产具有杂种优势的第一代杂交种，用于生产，这就是杂交水稻。水稻作为全球主要农作物，在世界上120个国家和地区广泛栽培种植，目前全世界有一半以上的人口以稻米为主食，但是直至目前，全球水稻平均亩产依然停留在200公斤左右，仍有8亿人处于粮食短缺状态，每天有24000人死于饥饿。现为中国工程院院士的袁隆平，从20世纪60年代开始就致力于杂交水稻的研究，经过12年

的努力，成功培育出了"三系杂交稻"。而后，他又研制出一批比现有三系杂交水稻增产5%～10%的两系品种间杂交组合。

◆ **转基因作物**

转基因作物的推广不仅为农民带来丰厚的效益，同时也可以减少环境污染。以转基因棉花为例，由于其自身具有抵抗病虫害的功能，对剧毒农药的使用可以减少80%的危害，这意味着农药对土壤和地下水的危害大大降低。转基因作物在

我国也得到大面积推广。以我国目前种植面积最多的转基因抗虫棉为例，自1996年以来推广面积达2170万公顷。从转基因作物中获益的不仅仅是农民，还有日益改善的环境。在1987年8月5日，从第一批青椒的种子首次搭载我国发射的第九颗返回式卫星开始，我国有了自己的太空辣椒新品种，随着近两年我国航天事业的飞速发展，现在的太空辣椒，品种不断增多，品质也得到了稳定和提升。

太空彩椒

 农业百花园

精准农业

由信息技术支持的精准农业是根据空间变异，定位、定时、定量地实施一整套现代化农事操作技术与管理的系统，其基本涵义是根据作物生长的土壤性状，调节对作物的投入，即一方面查清田块内部的土壤性状与生产力空间变异，另一方面确定农作物的生产目标，进行定位的"系统诊断、优化配方、技术组装和科学管理"，调动土壤生产力，以最少的或最节省的投入达到同等收入或更高的收入，并改善环境，高效地利用各类农业资源，取得经济效益和环境效益。

精准农业由十个系统组成，即全球定位系统、农田信息采集系统、农田遥感监测系统和农田地理信息系统等，其核心是建立一个完善的农田地理信息系统，可以说是信息技术与农业生产全面结合的一种新型农业。

西方现代农业的成功模式

到底什么是现代农业？至今学术界没有统一的定义。但现代农业有几个标准是大家比较认同的：科技对农业的贡献率在80%以上；农产品商品率平均95%以上；农业投入占当年农业总产值的比重至少在40%以上；农业劳动力占全国劳动力总数的比重低于20%。可以说，目前发达国家的农业基本上就是现代农业。几十年来，西方国家根据不同的国情，逐渐摸索出发展现代农业的几种成功模式。

◆ **人少地多、劳动力短缺型**

这方面最典型的是美国，以大量使用农业机械来提高农业生产率和农产品总产量为主要特色。农业机械的广泛使用，大大提高了美国农业的生产率。美国是全球最典型的现代化大农业。在美国，直接从事农业生产的人口仅占总人口的1.8%，约为350万人，但这350万人不仅养活了3亿美国人，而且还使美国成为全球最大的农产品出口国。

美国农业

◆ **土地、劳动力适中型**

这方面最典型的是法国，发展现代农业多以进行农业制度变革为主要特色。多年来，为发展现代农业，法国实行了"一加一减"的做法。"一加"指的是为防止土地分散，国家规定农场主的土地只允许让一个子女继承；"一减"指的是分流农民，规定年龄在55岁以上的农民，必须退休，由国家一次性发放"离农终身补贴"，同时还辅以鼓励农村青年进厂做工的办法减少农民。除此之外，法国还实行"以工养农"政策。几十年来，法国持续发放农业贷款和补贴，还由国家出钱培训农民。困扰法国上千年的小农经济已成为过去，取而代之的是世界领先的现代化农业。目前法国农业产量、产值均居欧洲之首，是世界上仅次于美国的第二大农产品出口国和世界第一大农产品加工品出口国。

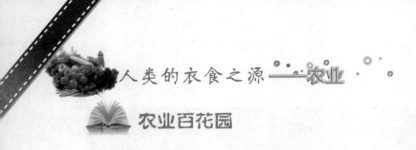

人类的衣食之源——农业

📖 农业百花园

荷兰的现代农业模式

荷兰人多地狭，人口密度高达每平方千米435人，堪称世界之最。由于土地十分珍贵，荷兰人追求精耕细作，着力发展高附加值的温室作物和园艺作物。依靠精耕细作，这个60年前还为温饱问题发愁的小国，已一跃成为全球第三大农产品出口国，蔬菜、花卉的出口更是雄居世界第一。从荷兰的经验看，这种现代农业的基本特点是：土地利用高效，生态环境良好，技术支撑有力，流通体系发达，组织体系健全，政策体系完善，主体素质较高，产品优势突出，经营收入丰厚，农产品高产、高质、高附加值，具有国际竞争力。

荷兰的郁金香

第二章

林业简述

森林是陆地生态系统的主体，是人类生存与发展的物质基础。以森林为主要经营对象的林业，是涉及国民经济一、二、三产业的复合产业群体，具有基础性、多样性、生态性、战略性的特点。林业不仅承担着生态建设的主要任务，而且承担着提供多种林产品的重大使命。改革开放以来，我国林业产业发展迅速，为农民增收和经济社会发展作出了重要贡献。进入21世纪，人类正在继农业文明和工业文明之后开始向生态文明迈进。我国也进入全面建设小康社会、加速推进社会主义现代化的新的历史发展阶段。在这个过程中，林业发挥着越来越重要的特殊作用。

但是，我国林业产业基础薄弱、规模不大、结构不合理、效益不好、市场发育不完全等问题还相当突出，难以满足国民经济和社会发展对林业物质产品、生态产品和文化产品的需求。为了加快和规范林业产业发展，充分挖掘我国林业产业发展的潜力，必须走现代林业发展道路。一方面，要坚持植树造林，不断促进林业资源的增长；另一方面，大力优化林业结构，合理配置绿化模式，把林业综合效益提高到新的层次。本章将对林业的概念、林业的功能、我国成立六十年以来的林业发展历程及现代林业的相关知识进行论述。

林　业

林业的定义

林业是指保护生态环境、保持生态平衡、培育和保护森林以取得木材和其他林产品、利用林木的自然特性以发挥防护作用的生产部门，是国民经济的重要组成部分之一。林业主要包括造林、育林、护林、森林采伐和更新、木材和其他林产品的采集和加工等。

发展林业，除可提供大量国民经济所需的产品外，还可以发挥其保持水土、防风固沙、调节气候、保护环境等重要作用。

林业的功能

森林是陆地生态系统的主体，是人类生存与发展的物质基础。以森林为主要经营对象的林业，在保持生态平衡和维护自然环境方面起着决定性的作用，是人类生存的基础。森林不仅具有保持水土、涵养水源、调节气候、防风固沙、净化空气、美化环境的生态功能，还有巨大的经济功能、固碳功能、保健功能和美化功能等。

◆ 林业的生态功能

林业具有生态功能，在实现生态良好、维护生态安全中发挥着决定性作用。林业部门既是挖坑种树的部门，也是生态建设的主体部门。它履行着建设和保护"三个系统、一个多样性"的重要职能，即：建设和保护森林生态系统，保护和恢复湿地生态系统，改善和治理荒漠生态系统，维护生物多样性。生物地理专家把森林喻为"地球之肺"，把湿地喻为"地球之肾"，把荒漠化喻为地球一种很难医治的疾病，把生物多样性喻为地球的"免疫系统"。这"三个系统、一个多样性"，在生物界和非生物界的物质交换和能量流动中扮演着主要角色，在维护地球生态平衡中起着决定性作用。损害和破坏任何一个系统，都会影响地球的生

森 林

态平衡，都会危及地球的健康长寿。只有建设和保护好这些生态系统，人类才能永远地在地球这一共同美丽的家园里繁衍生息、发展进步。

林业部门不仅可以生产出经济建设所必须的物质产品，而且还能够生产大量的生态产品。它是怎么生产生态产品的呢？我们种一棵树，保护一片湿地，就相当于建了一个工厂，树木通过光合作用吸收二氧化碳，放出氧气，可以涵养水源、保持水土、防风固沙、调节气候、保护物种基因、减少噪音、减轻光辐射等等，湿地也可以涵养水源、调节气候、维护生物多样性，还可以净化水质。当今世界各种商品琳琅满目，惟有生态产品十分短缺，生态产品具有公益性，不像商品那样可以交换，想买都买不到。我们一定要努力工作实施以生态建设为主的林业发展战略，把更多更好的生态产品奉献给社会和人们。

◆ 林业的经济功能

林业具有巨大的经济功能，在推动经济发展、维护经济安全中发挥着重要作用。这可以从以下三个层面来理解。第一，木材、钢铁、水泥是经济建设不可或缺的世界公认的三大传统原材料。和钢材、水泥相比，木材是绿色的、环保的、可降解的原材料，用木材代替钢材和水泥单位能耗可从800降到100，可以减少大量的二氧化碳排放，对发展低碳经济、建设环境友好型社会意义十分重大。我国是木材消耗大国，供需矛盾十分突出。2007年我国进口林产品折合原木达到1.55亿立方米，占全国年木材消费量的一半左右。随着经济的发展，我国木材需求量还将大幅度增加，而全球保护森林资源的呼声日益高涨，许多国家开始限制原木出口。维护木材安全已成为我国一个重大战略问题，我们必须逐步改变大量依靠进口木材的局面，立足国内43亿亩林地来解决我国的木材供应问题。这是我国必须长期坚持的重大战略。第二，森林是一种仅次于煤炭、石油、天然气的第四大战略性能源资源，而且具有可再生、可降解的特点。森林生物质能源主要是用林木的果实或籽提炼柴油，用木质纤维燃烧发电。在化石能源日益枯竭的情况下，发展森林生物质能源已成为世界各国能源替代战略的重要选择。我国有种子含油量在40%以上的木本油料树种154种，每年还有可利用枝桠剩余物燃烧发电的能源量约3亿吨，发展森林生物质能源前景十分广阔。第三，林业对维护国家粮油安全具有重要意义。我国木本粮油树种十分丰富，有适宜发展木本粮油的山地1.6亿亩。其中，油茶就是一种优良的油料树种，茶油的品质比橄榄油还好。目前，全国食用的植物油60%靠进口，如果种植和改造9000万亩高产

木　材

油茶林，就可产茶油450多万吨，不仅可以使我国食用植物油进口量减少50%左右，还可腾出1亿亩种植油菜的耕地来种植粮食，对于维护我国粮油安全具有战略意义。

◆ **林业的固碳功能**

林业具有固碳功能，在应对气候变化、维护气候安全中发挥着特殊作用。《京都议定书》明确规定了两种减排途径，一是工业直接减排；二是通过森林碳汇间接减排。森林通过光合作用，可以吸收二氧化碳，放出氧气。这就是森林的碳汇功能。森林每生长1立方米蓄积，约吸收1.83吨二氧化碳，释放1.62吨氧气。专家测算，一座20万千瓦机组排放的二氧化碳，可被48万亩人工林吸收；一架波音777飞机一年排放的二氧化碳，可被1.5万亩人工林吸收；一辆奥迪A4汽车一年排放的二氧化碳，可被11亩人工林吸收。森林是陆地上最大的储碳库和最经济的吸碳器，陆地生态系统一半以上的碳储存在森林生态系统中。与工业减排相比，林业固碳具有投资少、代价低、综合效益大等优点。加快林业发展，增强森林碳汇功能，已成为全球应对气候变化的共识和行动。

固碳林业

◆ 林业的保健功能

林业具有保健功能，在调节人体生理机能、促进人的身心健康方面发挥着重要作用。维系人的生命不仅要有吃的、穿的、住的等物质产品，而且也离不开氧气、水、适宜的环境等生态产品。据科学家研究，人的寿命，主要受遗传圈、社会圈和自然圈的影响。其中，遗传因素占20%左右，其他取决于社会圈和自然圈。社会圈影响人的喜、怒、哀、乐，会给人带来压抑、忧郁等问题。自然圈可以愉悦人的心情，舒缓人的压力，消除忧郁和压抑。森林还能释放出大量的负氧离子，像保健品一样调节人体的生理机能，改善人体血液循环和呼吸，促进人的身心健康。据科学研究，在人的视野中，绿色达到25%以上时，能消除眼睛和心理的疲劳，使人的精神和心理压力得到释放，居民每周进入森林绿地休闲的次数越多，其心理压力指数越低。社会圈

中的人，如果感到精神压抑，就可以到自然圈中呼吸新鲜空气，释放心理压力，促进身心健康。荷兰研究人员最近发表的报告称，住在公园或林区周边1千米范围内的人较少出现焦虑和抑郁，与大自然亲密接触的人更合群、更大度、更重视社区、更有活力，精力也更充沛。这项研究发现，在绿地面积只占10%的地区，约2.6%的人患有焦虑症，而在绿地面积占90%的地区，患焦虑症的人只占1.8%。四川的九寨沟因为森林资源丰富，1立方厘米空气中负氧离子含量一般超过1万个，高的达到8万个，而城市的空气质量达到一级时，负氧离子含量也只有1000多个，天安门广场的负氧离子才只有400多个。我国四川彭山、广西巴马和湖北钟祥之所以成为长寿之乡，其共同特点就是森林覆盖率高，空气中的负氧离子丰富，形成了天然的氧吧。

森 林

◆ 林业的美化功能

林业具有美化功能，在树立地方形象、改善投资环境中发挥着主导作用。良好的生态环境已成为衡量一个地区外在形象、投资环境和生活品质的重要标志。一个地区拥有良好的森林生态系统和湿地生态系统，这个地区的形象就会大为改观，人们的生活品质就会明显提升，经济发展的环境空间就会大大增加，就会形成投资洼地，吸引大量的资金、人才、技术。大连、杭州和天津滨海新区等一大批城市和开发区，通过建设森林城市和生态宜居城区，不仅完全改变了当地的形象，极大地提高了当地居民的生活品质，使当地居民看到了政府实实在在的政绩，而且使大量土地明显升值，投资吸引力明显增强，有的还由过去经济发展比较落后的地

美丽的树林

方转变成为经济发展的先进地区。目前，云南省正在全面实施推进"生态立省"战略，必须高度重视林业建设，充分发挥林业在生态建设中的首要作用，真正使全省走上生产发展、生活富裕、生态良好的文明发展道路。

林业的发展历程

林业兼具生态、经济、社会三大效益，既是国民经济的基础产业，更是重要的社会公益事业。在国民经济和社会发展中，林业肩负着森林生态系统和湿地生态系统建设、荒漠生态系统治理以及生物多样性保护等重要职责。新中国成立60年来，林业经历了奠基起步、挫折调整、辉煌发展的历史阶段，取得了举世瞩目的发展成就，为国民经济和社会发展做出了重大贡献。

◆ **新中国林业建设的奠基阶段**

新中国成立之初，面对国民经济的恢复和建设急需大量木材，而旧中国遗留下来的森林资源很少，木材年产量不到1000万立方米。面对供需矛盾十分突出的局面，国家制定了一系列林业工作的方针和政策，采取各种措施，保护和发展森林资源，奠定了中国林业建设的基础。1949年《中国人民政治协商会议共同纲领》做出了"保护森林，并有计划地发展林业"的规定。1950年2月召开的第一次全国林业业务会议确定了"普遍护林、重点造林、合理采伐和合理利用"的林业建设总方针，指导全国的林业建设。林业工作方针的调整，对保护和发展森林资源，发挥了重要的指导作

造　林

用，并对以后各个时期林业建设事业产生了深远的影响。

（1）界定山林权属

中华人民共和国一成立，中央人民政府就设立了林垦部，主管全国的林业工作。1950年通过了《中华人民共和国土地改革法》，根据法律规定，各大行政区相应地制定了实施办法，很快在全国范围内确立了国有林和农民个体所有林两种林业所有制。由于调整了生产关系，保护了农民的利益，促进了林业事业的发展，仅三年时间，全国共造林171万公顷，生产木材3229万立方米。

（2）保护森林资源

保护森林资源的重点是防止发生森林火灾和禁止乱伐滥垦森林。一是落实1952年3月中央人民政府政务院发出的《关于严防森林火灾的指示》，除东北行政区外，有14个省、自治区相继成立了护林防火指

森林防火宣传

挥机构。二是禁止滥伐滥垦森林。针对历史和经济原因造成森林资源破坏严重这一突出问题，1950年2月召开的第一次全国林业业务会议决定，实行"护林者奖，毁林者罚"政策。各地政府也积极组织群众成立护林组织，订立护林公约，制止乱砍滥伐，有效地保护了森林资源。

（3）造林和封育相结合

1950年，政务院及时发布了《关于全国林业工作的指示》，要求在风沙水旱灾害严重地区发动群众，有计划地造林，并大量采种育苗以备来年造林之用。1954年，林业部确定以水土流失严重的河流、水库上游山地和灌丛、疏林地为封山育林重点，黄河、淮河、永定河、辽二河等大中河流上游山区都逐渐封禁起来。

（4）合理采伐利用森林资源

一是制定合理采伐利用森林的政策规定，政务院向各大林区下达采伐任务；二是重视节约利用木材；三是改变木材采运生产方式，提高林业生产力；四是编制出林区施业方案，有计划地开发新林区；五是规范木材流通，实行"中间全面管理，两头适当控制"的木材流通政策；六是以林养林，促进森林更新。

这一时期的林业发展，由于打破了旧的、落后的生产关系，社会生产力得到极大解放，农民植树造林的积极性高涨。但由于林业行政管理生硬地搬用苏联模式，全面推行皆伐，人工更新跟不上，以及高度集中的计划经济体制，抑制了木材贸易的市场化，加之投入短缺，林区和企业的基础设施建设"先天不足"，致使林业发展后劲不足。

◆ 林业建设遭遇干扰与挫折阶段

1957—1976年是一个波澜起伏的历史时期，中国先后经历了"大跃进"、三年自然灾害、国民经济

林业的过度砍伐

调整和"十年动乱"等历史阶段。这一时期，对林业建设与发展而言，动力与阻力并存，发展与停滞相伴。一方面，根据"二五"期间林业工作基本任务，以及1958年4月中共中央、国务院发布的《关于在全国大规模造林的指示》，林业建设开始步入新的历史发展时期；另一方面，由于"大跃进""文化大革命"等原因，森林资源遭到了严

重的破坏，林业发展受到重创。

（1）兴建国营林场

为了鼓励和规范国营林场、社队林场的发展，1957年1月，林业部颁发了《国营林场经营管理办法》；1958年，中共中央、国务院下发了《关于在全国大规模造林的指示》。各地林业部门根据党中央、国务院指示精神和林业部的部署要求，一方面将原有的森林经营

所、伐木场改为国营林场；另一方面接纳大批下放干部，选择场址建立了一批新的国营林场。

（2）开发建设新林区

以修筑通往林区的铁路干线为先导，拉开了林区开发的序幕。1958—1965年的8年间，共修筑林区铁路5587千米、公路25172千米。与此同时，为了加快已开发林区的营林生产，国有林区开始试办营林村，为国有林区发展营林业探索了路子，提高了林业生产机械化程度。自1958年起，中央加大了对林业机械的投入，各级林业部门从上到下建立了机械设备管理机构，并对设备的使用管理、保养、维修等方面制定了一系列规章制度，机械作业范围也逐步扩大。到1961年，木材生产中集材工序的机械化半机械化比重已达75%。60年代中期，南方各省飞播造林已经全面推广。

（3）加强林业科研

自1958年始，除天津、上海和西藏外，各省、市、自治区都陆续成立了林业科学研究机构，科研力量不断扩大，林业科技在生产建设中的作用不断增强。

1958年，"大跃进"和人民公社化在全国推开之后，新中国林业事业遭受第一次大的挫折。大量的天然林甚至原始林遭到掠夺性砍伐，短短的几年间森林资源遭到了严重破坏。对林业造成负面影响更为深远的是人民公社化，造成林木、林地权属混乱，严重挫伤了广大农民植树造林的积极性，有的地方乱砍滥伐森林，也为以后的林权纠纷带来了隐患。

针对"大跃进"和"人民公社化"对森林资源造成的严重破坏，中央及时调整林业政策，加大对林业的经济扶持。一是确定以营林为基础的林业建设方针。1964年，中央提出了"以营林为基础，采育结合，造管并举，综合利用，多种经营"的林业建设指导思想；二是调整顿农村林业政策。1961年6月，中共中央及时发布了《关于确定林权、保护山林和发展林业的若干政策规定（试行草案）》，核心是确定和保证山林的所有权，造林坚持"谁种谁有"的原则；三是扩大对林业的扶持力度。1961年，东北、内蒙古国有林区实施育林基金制度，从每立方米原木销售成本中提取10元作为育林基金，实行专款专用。南方集体林区也于1964年实行该制度。

在新中国60多年的历程中，"文化大革命"给我国林业建设事业造成的灾难最为深重。一是林业管理机构被撤销，专业干部和技术人员大量流失。二是集中过伐，采育严重失调。据1979年的森林更新普查：在国有林区更新欠账86万公顷，集体林区更新欠账7万公顷。三是森林资源遭受巨大损失。全国林地面积减少660多万公顷；用材林蓄积减少8.5亿立方米；森林覆盖率由12.7%下降为12%。

1971年，全国林业会议通过了《全国林业发展规划（草案）》，提出"南方9省、自治区自然条件好，林木生长快，是扩大我国森林资源的重要战略基地，要充分利用有利条件，大造速生丰产林，加强用材林基地建设"。与此同时，各地按照"基地办林场，林场管基地"的思路，大力发展社队集体林场。平原绿化也有了新的进展，逐步从"四旁"发展到建设方田林网。

◆ **改革开放后林业建设的快速发展阶段**

在我国改革开放30年多的历史进程中，党中央、国务院十分重视林业建设，做出了一系列重大决策和战略部署，林业改革发展取得了举世瞩目的成就，积累了十分宝贵的经验，为继续发展现代林业，建设生态文明打下了坚实的基础，展示了美好的前景。

防护林

（1）探索林业发展道路

改革开放以来，党和政府高度重视林业建设。1978年，党中央、国务院决定实施三北防护林体系建设工程，这项工程开创了我国生态工程建设的先河。

1979年，五届全国人大常委会六次会议通过了《森林法（试行）》，并决定3月12日为植树节。1981年，经邓小平同志倡导，五届全国人大四次会议做出了《关于开展全民义务植树运动的决议》。从此，开启了中国历史上乃至人类历史上规模空前的植树造林运动。

2003年6月，中共中央、国务院做出了《关于加快林业发展的决定》，明确提出"在贯彻可持续发展战略中，要赋予林业以重要地位；在生态建设中，要赋予林业以首要地位；在西部大开发中，要赋予林业以基础地位"。2009年，在中央林业工作会议上，温家宝总理又提出"在应对气候变化中林业具有特殊地位"。从而形成了我国建设森林

植树护坡

生态系统、保护湿地生态系统、改善荒漠生态系统、全面推进生态建设的基本格局。

（2）改革林业体制机制

改革开放以来，林业生产关系不断调整完善。一是实行林业"三定"。1981年3月，在全国范围内开始实行以"稳定山权林权，划定自留山，确定林业生产责任制"为主要内容的林业"三定"。二是放开木材市场。初步建立了林产品经营的市场机制，有效激发了集体林区林业生产的活力。三是逐步建立起支持林业发展的公共财政制度。中共林业决定中明确将林业定性为重要的公益事业和基础产业，把加强生态建设、维护生态安全确定为林业部门的主要任务。从此，国家逐步建立了支持林业发展的新型公共财政制度。四是全面推进林业改革。中共中央、国务院颁发了《关于全面推进集体林权制度改革的意见》，对深化集体林权制度改革做出了全面部署。2003年6月，中共中央、国务院《关于加快林业发展的决定》对深化国有林场改革做出了明确规定：提出"逐步将其分别界定为生态公益型林场和商品经营型林场"，各地在推进国有林场分类经营改革方面进行了积极的探索。

（3）构建林业生态体系

改革开放以来，为遏制我国生态环境恶化的趋势，加快了构建完善的林业生态体系的步伐。一是建设和保护森林生态系统。通过天然林资源保护工程，解决天然林资源的休养生息问题。二是治理和改善荒漠生态系统。通过退耕还林工程、三北和长江流域等重点防护林体系建设工程和京津风沙源治理工程，解决我国重点地区的水土流失、土地沙化及其他生态问题。三是全面保护生物多样性。通过野生动植物保护及自然保护区建设工程，解决野生动植物资源、生物多样性资源的保护问题。四是保护和恢复湿地生态系统。通过湿地保护

与恢复工程，全面维护湿地生态系统的生态特征和基本功能。五是提

我国的林业标志

高对海啸、风暴潮等重大突发性自然灾害的抵御能力，通过沿海防护林体系建设工程，实现防灾减灾的目标。

（4）建设林业产业体系

改革开放以来，特别是近年来，林业产业发展受到党中央国务院的高度重视。30多年来，围绕建设发达的林业产业体系，使林业产业发展取得了一些新的突破：一是挖掘林地生产潜力，加快发展以

用材林资源培育为主的林业第一产业。二是依靠现代科技和装备，提升以木材加工为主的林业第二产业。三是开发林业景观资源，发展以生态旅游为主的林业第三产业。四是发挥森林物种优势，壮大以林业生物质能源、生物质材料为主的林业高新技术产业。五是借助市场需求的力量，推进经济林产业尽快迈上新台阶。六是利用林业资源，发展以种植养殖业、非木质采集业为主的林业产业。

（5）发展生态文化体系

2007年，国家林业局提出了"构建繁荣的生态文化体系"的重大战略思想，首次将构建生态文化体系放到与构建林业生态体系和林业产业体系同等重要的地位，明确要求要"普及生态知识，宣传生态典型，增强生态意识，繁荣生态文化，树立生态道德，弘扬生态文明，倡导人与自然和谐的重要价值观，努力构建主题突出、内容丰富、贴近生活、富有感染力的生态文化体系"。

高山林场

现代林业

社会发展到今天，人类对林业的依赖越来越强，传统的林业模式已远远不能适应社会的需要，只有用现代林业的理念发展林业，充分挖掘林业的巨大功能，才能不断满足人们和社会对林业的多样化需求。

◆ 现代林业的定义

现代林业是相对于传统林业或近代林业而言的，它是在现代科学认识的基础上，用现代技术装备、现代工艺生产、现代科学思想经营管理的可持续发展的林业。现代林业强调以生态环境建设为重点，以产业化发展为动力，全社会广泛参与为前提，以林业资源、环境、产业协调发展为模式，以生态、经济、社会效益整体优化为目标。

◆ 现代林业的特征

现代林业不仅具有区域化布局、专业化生产、集约化经营、科学化管理、市场化水平高和生产效率高等现代生产经营特征，而且由于其自身的特点，现代林业还具有以下基本特征：

（1）生态性

现代林业的建设目的强调公众的生态需求，在谋求整体优化的综合效益的同时，强调生态效益的基础地位；建设内容上强调以生态建设为主，把公共环境建设摆在重要位置；生产方式上强调生态模式，注重生产过程中的环境保护及资源利用上的节约、高效和循环；建设的标准强调生态安全、环境协调与可持续发展。

（2）系统性

现代林业强调从系统的角度认识林业，认为森林生态系统和湿地生态系统既具有功能上的独立性和不可替代性，同时又和经济、社会的其它系统有着密不可分的联系和影响。现代林业要求用系统的理念管理、利用林业资源，强调系统控制、综合利用，以系统的标准衡量林业建设成效，追求系统结构合理、开放，系统功能稳定、高效。

（3）高效性

以现代林业思想指导，用现代工业文明装备，有较高的劳动生产力和显著的生态、经济、社会效益。

◆ **现代林业在新农村建设中的作用**

现代林业是新农村建设的重要内容，也是新农村建设的重要手段和目标。

（1）发展现代林业是加快农村生产发展的重要内容

农村生产发展是新农村建设的首要任务和目标。发展现代林业不仅可以发挥林业生产潜力，推动农

大兴安岭落叶林

业产业结构调整、升级，加快农村生产发展，还可以通过改善人居生态、农业生态等为农业生产发展提

供保障。

（2）发展现代林业是实现农村生活富裕的有效途径

实现农民收入增加、生活宽裕是新农村建设的根本目标。发展森林生态旅游业及现代花卉业，开发森林绿色食品等都是解决农民就业、增加农民收入的有效之举。发展现代林业，还可以拓展规模效

文明的重要措施

乡风文明属农村精神文明范畴，是新农村建设的重要内容。建设新农村就是要实现农村物质文明、精神文明、生态文明全面发展。发展现代林业不仅可以促进环境的改善，创建生态文明，还能通过与外界的交流提高农民的文化素质、科技素质，实现文明生产、文

木材的加工

益、精深加工效益、创造新的消费需求，增加农民收入。

（3）发展现代林业是促进乡风

明生活，推进乡风文明。

（4）发展现代林业是实现村容整洁的重要措施

村容整洁是新农村建设的关键环节。村容整洁要求村容村貌整齐、洁净、和谐。发展林业，通过村镇绿化、庭院绿化、道路绿化、山场绿化，可以促进村容的的绿化、美化与和谐。

（5）发展现代林业是推动农村管理民主的重要手段

管理民主既是新农村建设的重要目标，也是新农村建设的重要保障。林业技术推广是发展现代林业的一项长期任务，而林业技术推广的一项重要原则就是尊重农民意愿原则。

林场养殖业

第三章

畜牧业简述

　　农业是国民经济的基础，也是保持自然生态平衡、促进整个农业生产持续稳定发展的基础。而畜牧业是综合性农业的主要组成部分，畜牧业的发展对国民经济有着十分重要的意义。养殖牲畜不仅为种植业提供大量有机肥料，还为人们生活提供肉食、奶、蛋等动物食品，提高人民日益增长的生活水平，更重要的是畜牧业还能增加市场供应，提供外贸出口商品。改革开放以来，我国畜牧业取得了令国人鼓舞、让世界瞩目的成就。主要畜产品产量持续增长，其中，肉类产量的年递增率超过了10％，从1990年起位居世界第一，成为名副其实的肉类生产大国。畜产品的持续增长，极大地丰富了城市居民的菜篮子，改变了以往市场供应短缺的局面，基本满足了城乡居民对畜产品日益增长的需求。从整体上来看，畜牧业在国民经济中的地位和作用越来越明显。畜牧业已由农村家庭副业发展成为农村经济的重要支柱产业，进入了一个新的历史发展时期。本章将就畜牧业的特点、畜牧业在国民经济中的作用和生态畜牧业的相关知识点一一进行论述。

我国的畜牧业

畜牧业简介

畜牧业是利用畜禽等已经被人类驯化的动物或者鹿、麝、狐、貂、水獭、鹌鹑等野生动物的生理机能，通过人工饲养、繁殖，使其将牧草和饲料等植物能转变为动物能，以取得肉、蛋、奶、羊毛、山羊绒、皮张、蚕丝和药材等畜产品的生产部门。畜牧业是人类与自然界进行物质交换的极重要环节。

梅花鹿养殖

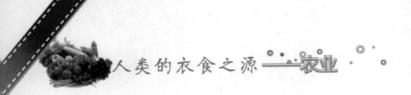

畜牧业的特点

畜牧业是用放牧、圈养或者二者结合的方式，饲养畜禽以取得动物产品或役畜的生产部门。它包括牲畜饲牧、家禽饲养、经济兽类驯养等。畜牧业作为农业的重要组成部分，与种植业并列为农业生产的两大支柱。要进一步推动我国畜牧业的快速发展，就必须充分认识和掌握我国畜牧业的特点。

（1）畜牧业中自然再生产和经济再生产交织在一起，这是畜牧业经济的根本特点。畜牧业的扩大再生产同各类畜禽内部的公畜、母畜、仔畜、幼畜的比例有十分密切的关系。因此，保持合理的畜群结构，对加快畜牧业的发展十分重要。畜牧业生产既表现为畜禽自身生长发育、不断繁衍这一自然再生产过程，同时又为人们提供一定的使用价值和食用价值，满足人们特定的需要，表现为经济再生产的过程。因此要求人们在畜牧生产中应采用先进科学技术和管理方式，取得应有的经济效益。

（2）畜牧业是以植物性生产为基础的第二性生产。玉米、稻谷等植物的生产主要依靠吸收土壤中的水分、养分并通过太阳能进行光合作用，属第一性生产；而畜牧业则是以上述农产品为饲料，利用动物本身的生长发育机能，将植物性产品转化为肉、蛋、奶等动物性产品的产业，并将一部分不能利用的物质作为肥料还给土地，故称为第

草原畜牧业

二性生产。因此饲料是畜牧业的基础，只有解决好饲料问题，才能加快畜牧业发展。

（3）消费市场对畜产品消费鲜活的要求与畜产品的不易储运的矛盾使畜牧业面临较大的市场风险。畜牧业的商品性很高，而产品又不便于运输而且易于腐坏。因此，要求收购、加工、贮藏、运输等方面密切配合。畜产品中除皮、毛外大部分是鲜活商品，这些商品一旦生产出来，不可能全部就地消费，也不可能同时进入消费过程，同时它们又很容易受细菌病毒的感染，易腐烂，不耐储藏和运输。消费市场对畜产品消费鲜活的要求决定了畜产品存放时间越短，其价值越高；反之其价值就越低。另外，畜产品储运存在较大的成本，因此畜牧业的市场风险较大。

（4）畜牧业对于自然条件和经济条件有较大的适应性，既可以放牧，又可以舍饲。如猪的养殖可以采取舍养的方式；鸡鸭的养殖可以采取圈养的方式；而羊的养殖在西北地区可以牧养，在南方地区则可以圈养。

由于存在这些特点和要求，因此发展畜牧业必须根据各地的自然经济条件因地制宜，发挥优势。

猪的圈养

畜牧业的作用

畜牧业作为大农业中的重要组成部分，已经形成了区域化、规模化、产业化的格局，在国民经济中占有重要的地位。畜牧业与种植业并列为农业生产的两大支柱，在新农村建设中为部分地区农村经济的主导产业。畜牧业已不仅仅是提供初级动物产品的简单饲养部门，而是逐步发展成为集种养加、产供销、贸工牧一体化的综合性生产经营系统，已成为其他部门不可替代的重要产业部门。畜牧业在我国国民经济中发挥着越来越重要的作用，主要体现在：

（1）畜牧业能够为人们生活提供肉、蛋、奶等动物性食品

随着我国经济的快速发展，城乡居民收入的大幅提高，人们对食物的需求逐渐从解决温饱到小康过渡。因此，对肉、蛋、奶的需求量快速提升，表现为牧业和渔业的增长速度远远大于种植业的增长速度。从最初的解决温饱到现在的对生活质量的要求，人们对肉、蛋、奶等动物性食品的需求量也在日益增加。

（2）畜牧业为肉类及食品加工、毛纺、皮革、油脂、生物制药

新鲜的牛肉

皮 革

等轻工业提供原料

发达国家和地区都把食品加工业作为国民经济的主导产业，其产值(不包括皮革、皮毛和烟酒类)约占国民经济总产值的6%~20%。而畜牧业是食品加工业的基础，在食品加工原料中，约80%来自畜禽产品。在我国，肉类的加工食品深受人们的喜爱。畜牧业的发展不仅形成了多元种植结构，也推动了食品工业、皮革业、毛纺业、制药业和饲料工业的发展。这些畜牧业投入品工业和畜产品加工业的发展，为农村剩余劳动力的转移创造了条件和机会。

（3）畜牧业是实现新农村建设的需要，是发展生态农业的重要途径

随着城乡居民对农产品质量的要求不断提高，发展绿色无公害农产品成为重要趋势，各种农牧结合的生产模式在不断出现，畜牧业与

种植业相互结合，互为补充，畜牧业生产的肥料提供给种植业，充分利用了资源，也保护了环境。在新农村建设中，把养殖业与种植业、农村能源有机结合起来，积极推广规模养殖，建设大型沼气池，利用沼渣肥田，既清洁了农村环境，使农村环境得到了有效治理，也促进了绿色无公害农产品的生产。

（4）畜牧业是农村经济最有潜力的增长点

农村经济是一个包括农、林、牧、渔、运、服等多行业的综合性经济系统。然而，由于受地区和环境等因素的制约，许多行业的发展普遍受到了极大限制，只有种植业和养殖业能够覆盖农村的千家万户。但种植业由于耕地面积的限制，其发展潜力已经不大。因此，畜牧业便成为农村经济最有潜力的增长点。同时，随着人们生活水平的不断提高，畜产品需求量的逐年增长，大力发展畜牧业具有广阔的前景。

水貂养殖

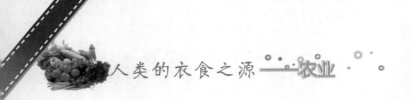
生态畜牧业

目前，我国畜牧业正处在由传统畜牧业向现代畜牧业发展的转型时期，社会主义新农村建设为畜牧业的发展提出了更高的要求，必然加快畜牧业的转型步伐。畜牧业发展水平是农村经济发展水平的重要标志。发达国家的成功经验表明，畜牧业占农业产值的比重是衡量现代农业发展程度的重要标志，传统畜牧业的明显特征就是以传统农业

生态畜牧业

的思维发展畜牧业，满足于自给自足或者小范围的需要，不能适应市场经济的需要和发展。因此，必须大力推进现代生态畜牧业的发展。

◆ **生态畜牧业简介**

生态畜牧业是指运用生态系统的生态位原理、食物链原理、物质循环再生原理和物质共生原理，采用系统工程方法，并吸收现代科学技术成就，以发展畜牧业为主，农、林、草、牧、副、渔因地制宜，合理搭配，以实现生态、经济、社会效益统一的畜牧业产业体系，它是技术畜牧业的高级阶段。

◆ **生态畜牧业的特征**

生态畜牧业主要包括生态动物养殖业、生态畜产品加工业和废弃物（粪、尿、加工业产生的污水、污血和毛等）的无污染处理业。它有以下特征：

（1）生态畜牧业是以畜禽养殖为中心，同时因地制宜地配置其他相关产业(种植业、林业、无污染处理业等)，形成高效、无污染的配套系统工程体系，把资源的开发与生态平衡有机地结合起来。

（2）生态畜牧业系统内的各个环节和要素相互联系、相互制约、相互促进，如果某个环节和要素受到干扰，就会导致整个系统的波动和变化，失去原来的平衡。

（3）生态畜牧业系统内部以"食物链"的形式不断地进行着物质的循环和能量的流动转化，以保证系统各个环节上生物群的同化和异化作用的正常进行。

（4）在生态畜牧业中，物质循环和能量循环网络是完善和配套的，通过这个网络，系统的经济值增加，同时废弃物和污染物不断减少，以实现增加效益与净化环境的统一。

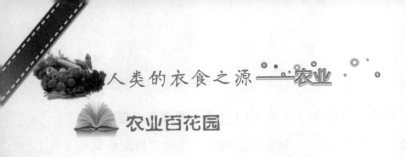

农业百花园

世界生态畜牧业的主要模式

世界各国根据各自资源条件，在生态畜牧业的实践过程中探索出了各具特色的发展模式。但纵观世界各国生态畜牧业的发展现状，世界生态畜牧业的发展模式主要有四种：一是以集约化发展为特征的农牧结合型生态畜牧业发展模式，这种模式以美国和加拿大为典型代表；二是以草畜平衡为特征的草原生态畜牧业发展模式，这种模式以澳大利亚和新西兰为典型代表；三是以农户小规模饲养为特征的生态畜牧业，这种模式以日本和中国为典型代表；四是以开发绿色、无污染、天然畜产品为特征的自然畜牧业，这种模式以英国、德国等欧洲国家为典型代表。

澳大利亚牧场

第四章

剧

业简述

　　我国是农业大国，农业作为国民经济的基础部门，农村副业是其重要的组成部分之一。"副业"是相对于主业而言的，是农业生产者在主要生产活动以外经营的其他生产项目。某一地区某些农民从事的主业，在另一地区对另外一些农民来说则可能是副业，当副业生产的发展超过主业时，主业和副业的地位也会互易。在我国，传统上以大田作物栽培为主业，其他生产项目为副业。但在农、林、牧、副、渔五业并提时，其中的副业则指不属于其他四业范围的生产项目。我国有丰富的副业资源，农民充分利用剩余劳动力、剩余劳动时间和分散的资源、资金发展副业，对于增加农民收入、满足社会需要和推动农业生产发展都有重要意义。本章就来简单论述一下副业的含义、发展演变及其作用。

手工副业

副业的含义

在中国农业中，副业有两种含义：一指传统农业中，农户从事农业主要生产以外的其他生产事业。在多数地区，以种植业为主业，以饲养猪、鸡等畜禽，采集野生植物和从事家庭手工业等为副业。二在农业内部的部门划分中，把种植业、林业、畜牧业、渔业以外的生产事业均划为副业。后一种含义的副业包括的内容有：①采集野生植物，如采集野生药材、野生油料、野生淀粉原料、野生纤维、野果、野菜和柴草等。②捕猎野兽、野禽。③依附于农业并具有工业性质的生产活动，如农副产品加工、手工业以及砖、瓦、灰、砂、石等建筑材料生产。这部分工业性生产活动，按照中国20世纪60年代初期的统计规定，包括生产大队办的工业、生

竹器编织

产队办的工业和农民家庭经营的手工业（商品部分）。当时队办工业（含生产大队和生产队两级办的工业）尚处于萌芽阶段，规模小、生产项目少，因此被列入农业中的副业范围之内。经过20年的发展，队办工业的规模迅速扩大，生产项目增多，其产值已占了副业产值的绝大比重。80年代初，中国政府有关部门决定，今后不再把村办工业（原大队办的工业）和村以下合作经济组织办工业（原生产队办的工业）列入农业中的副业之内，其产值也不计入农业总产值中而计入全国的工业总产值中。

农村副业的发展演变及作用

我国的农村副业源远流长，传统的农村副业以自给性的家庭副业为主，生产种类和产品数量都较少。随着农村商品经济的发展，有的副业转向商品性生产，产生了一部分掌握手工业生产技术的人，如木匠、铁匠等逐步转向专业经营，成为独立的个体手工业者或发展形成各种手工业作坊和工场。明代宋应星所著《天工开物》记录了中国古代农村手工业生产技术的各个方面，包括磨面、制糖、酿酒、榨油以及纺织、染色、制盐、造纸、采矿、冶炼、车船制造等，反映了当时农村副业的发展盛况。

在完成农业的社会主义改造以后，中国农村副业的生产经营规模更加扩大，内容涉及采集、捕猎、种植、养殖、农产品加工、建筑、运输、生产服务和生活服务等许多方面。1979年以后，农村中开始进行经济体制改革，许多由农业合作经济组织和农民个人经营的副业已发展成为各种乡镇企业。

现今农村副业在提高农民收入、积极推进社会主义新农村建设中发挥着越来越重要的作用。发展农村副业的作用有：①有利于开发和综合利用农村自然资源，发展商品生产；②有利于充分利用农村中的剩余劳动力和农民的剩余劳动时间，广开生产门路，发挥各种技术特长，提高农村劳动力的利用率；③有利于充分利用农村中的闲散资金，为扩大再生产服务；④有利于增加农业生产者的收入来源，同时可因此而分散农业生产经营中可能遇到的各种风险，如自然灾害造成的损失等。

酿　酒

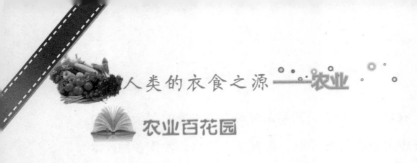

农业百花园

青岛草编

　　草编是青岛地区的民间传统手工艺品，遍及所属各地农村，尤以平度市所产最为著名。草编品种有花样辫、手编提篮、草帽、茶杯垫、坐垫、门帘、草地毯等十几种、数百个品种，所用之原料有麦秸草、金丝草、玉米皮、蒲草、茅草、棉杆皮等十几种植物秸杆和茎叶。农村妇女多以此手工艺品为家庭副业。青岛草编工艺精细、造型美观、色彩协调、文雅质朴，少数供应国内市场，大多销往国外。

青岛草编

第五章

渔业简述

　　海洋是人类的摇篮，它孕育了人类古老的文化，创造了灿烂的现代文明，它为人类提供了丰富的物质财富，满足了人们对水产品日益增长的需求。俗话说"民以食为天"，人类发展到今天，仍然是农业中的种植业、畜牧业、林业和渔业来提供人们日常生活中所需的物质。

　　我国渔业具有悠久的发展历史，改革开放以来，我国渔业取得了举世瞩目的成就，为世界渔业作出了应有的贡献。在社会生产发展过程中，渔业的内容发生过几次大变化，渔业的含义也相应地发生了变化。人类早先的渔业，仅限于天然捕捞。后来人们学会了人工饲养鱼类技术，渔业就增加了水产养殖的内容。随着水产加工的发展，又把水产加工包括在渔业中，称为广义的渔业或水产业。改革开放三十多年来，我国渔业经济有了突飞猛进的发展，在量的方面，水产品年产量近五千万吨，居世界第一位，基本能满足人民群众的消费需求；在质的方面，水产品的品种结构、品质水平也在不断改善和提高，名优水产品日益丰富，满足了人们的营养和口感需求。本章将就渔业的分类、特点、渔业的地位和作用以及渔业的可持续发展等方面进行论述。

海洋鱼类

渔业简介

渔业是人们利用水域，通过合理开发利用和保护增殖水产资源，以取得具有经济价值的鱼类或其他水生动植物的生产部门，亦称水产业。渔业包括采捞水生动植物资源的水产捕捞业和养殖水生动植物的水产养殖业两个部分。

鱼

渔业的分类

渔业的分类有多种类型，其中按水域来分可分为海洋渔业和淡水渔业；按水界来分可分为内陆水域渔业、沿岸渔业、近海渔业、外海渔业、远洋渔业等；按产品的取得方式来分可分为捕捞渔业和养殖渔业；按水层来分可分为上层渔业、中下层渔业、底层渔业等；按渔具

海洋捕鲸

渔法来分可分为钓渔业、网渔业、捕鲸业、杂渔业等；按动力来分可分为帆船渔业、机轮渔业；按生产资料所有制性质来分有个体所有制渔业、资本主义私有制渔业、社会主义公有制渔业。20世纪80年代，中国渔业划分为国营渔业、集体渔业、劳动者个体渔业、私营渔业、三资企业渔业以及各种经济成分联合经营的渔业等。

 农业百花园

渔业分区

按照渔业区划的分区原则，根据各地的水域资源、鱼类资源和渔业生产的特点及其发展方向等地区差异，并以水域类型及其特点作为划区的主导标志，全国渔业区域可以划分为内陆渔业、浅海滩涂渔业、海洋渔业三大部分。每部分又以水域差异为主导因素，辅以生产作业和资源特点分为若干区。其中，内陆渔业区域分为7个渔业区，浅海滩涂区域分为6个渔业区，海洋渔业区域分为13个渔业区；并分区概述渔业资源、生产条件与现状、主要问题，提出各区渔业生产发展方向和主要措施。

渔业的特点

按联合国粮农组织及多数西方国家分类，渔业是一个独立的产业。苏联将其列为食品工业部门，美国和日本按其通行的划分经济部门的方法，把渔业同农业（种植业）、畜牧业、林业、采掘业一样划入第一产业部门。而我国将其作为大农业的组成部分，一般认为渔业具有农业和工业二重性质。在江河、湖泊、水库、池塘、浅海滩涂养殖水生动植物的养殖业属农业生产；水产品加工则属加工工业生产。虽然渔业兼具农业和工业的双重性质，但其自身有独特的特点：

（1）以水域为基本生产资料，以水生经济动植物为生产对象。不同的水生动植物适应不同的水层环境，为水产业在不同的水层进行捕捞或养殖生产活动提供了可能。与仅限于平面利用土地的种植业相比，进行多水层增殖和捕捞，具有立体利用空间的优越性。从而大大提高了水域生产力，增加了单位产量。

（2）鱼类是有生命的更新资源，且繁殖速度快，又是冷血性动物，防病免疫力强，能量消耗少，饵料转化效率高，实行精心饲养和合理捕捞，能达到增产、增收的效果。

（3）渔业生产大多在辽阔的水域进行，生产对象即各种水生动植物的生长、发育、繁殖受水域自然条件的制约，且鱼类在生长、发育、繁殖的过程中受自然环境和人类活动影响较大，生产的地区性和季节性较强，因而在生产上存在极大的不稳定性。所以，创造鱼类生长所需要的良好环境，才能保持渔业生产稳定、持续增长。

（4）渔业产品是鲜活易腐品，生产地点（渔场）与销售市场一般距离较远，这就使良好的低温保藏、加工运输和市场销售等设施成为渔业生产的必要条件。只有保鲜、冷藏、加工、运输等部门密切配合，才能提高质量、减少损失。渔业产品还有很强的商品性，产品越鲜活其商品价值越高。渔业产品中有不少品种是国际贸易中的畅销

池塘养鱼

商品，换汇率较高。

（5）渔业资源大多存在于国际公有或他国管辖的水域中，且具移动性，故渔业生产特别是海洋捕捞生产还须在国际合作的基础上才能顺利发展。

 农业百花园

我国常见鱼的种类

我国淡水鱼资源丰富，加上人工养殖，市场供应充足。其中以鲤鱼、鲢鱼、草鱼、青鱼为最常见，此外还有鳝鱼、鼋鱼等。

鲤鱼是淡水鱼中属于佳鱼的一种，鳞白带金属光泽，红尾，肉嫩，味鲜，黄河鲤鱼特别脍炙人口。

鲢鱼分为白鲢、花鲢（俗称胖头鱼）两种。白鲢体色发白，鳞片细小，头较大，肉肥，味美，头部最肥，特别适宜做砂锅鱼头。

草鱼又叫草青，体色茶黄，为淡水鱼产量最多的一种。这种鱼的特点是生长快、体重大、头大肉肥，但肉质较粗，比起鲤鱼等质量较次。

青鱼又叫乌鳍，体长，呈圆筒形，脊部乌黑，肚乳白色，肉白而充实，是淡水鱼中肉质细嫩的一种，所含脂肪较多，特别是胸鳍部一段肉和头尾两部分肉做的，青鱼的肺是鱼体中最嫩的部分，所含脂肪多，名菜

草　鱼

"烧秃肺"就是用青鱼肺做的，烧好趁热吃，腴美异常。

鳝鱼又名长鱼、黄鳝，身长而细，头粗尾细，背黑褐色，肚黄色，眼小无鳞，这种鱼的肉质极其细嫩鲜美，被视为鱼中佳品。

鲫鱼又叫鲫瓜，体形扁宽，背部隆起明显，鳞片较小，其特点肉质细嫩，鲜味大，但小刺多，鲫鱼最适合汆汤。小鲫鱼适合做酥鱼。

鼋鱼又称鳖鱼，肉质细嫩，营养丰富，是高档滋补品。

鲫　鱼

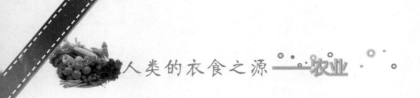
渔业的地位和作用

渔业作为农业的重要产业之一，不仅满足人们的物质要求，提高人民生活水平，还在促进农村产业结构调整、多渠道增加农民收入、保障食物安全和提高农产品出口竞争力方面发挥着重要作用。

（1）渔业产品是人类所需蛋白质的重要来源之一。尤其是渔业中的鱼类蛋白质高、脂肪低、胆固醇少，且鱼类中的蛋白质易被人体吸收，其含量又较肉、蛋类高，为人们所喜爱的食品。20世纪80年代初，人类直接或间接食用的动物蛋白质中，水产品动物蛋白质已占25%左右。

（2）渔业产品除直接供人类食用外，还可作为畜牧业和水产养殖

鱼为人类提供优良的蛋白质

业的优良饲料。经加工和综合利用所获得的各种产品是医药、食品、机械制造、化工、纺织、工艺美术等其他化学工业提供重要原料。如鱼糜制品、鱼肝制品、珍珠制品、甘露醇、藻胶等。如由海鱼类肝脏炼制的油脂称为鱼肝油，可用于防治夜盲症、角膜软化、佝偻病和骨软化症等。

（3）发展渔业，有利于保持农业生态平衡，实现农业生产的良性循环。中国广东的桑基鱼塘实行的蚕桑、甘蔗、塘鱼三结合，湖南实行的种菜、养猪、养鱼三结合，就是利用塘埂种桑养蚕、蚕粪肥水养鱼，或者种菜喂猪、猪粪肥水养鱼、塘泥肥田等相互促进的集约经营方式，把种植业、畜牧业和渔业有机地结合起来，达到桑、蔗、鱼或鱼、菜、猪全面丰收，提高了农业生产经济效益。发展渔业，还可以提高劳动力利用率，增加农民收入。

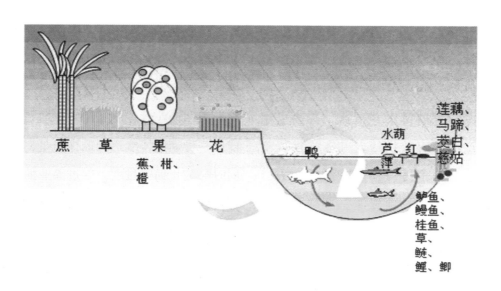

桑基鱼塘示意图

（4）渔业产业的发展还带动了造船、机械制造、食品和制冷等工业行业的发展。

渔业的可持续发展

渔业发展规模并非越大越好，盲目扩大规模导致的渔业滥捕，将给渔业资源、环境造成不可逆转的影响。改革开放以来，我国确立了"以养为主"的渔业发展方针，对传统产业结构实施战略性调整，改变了过去以捕捞为主的生产模式，充分利用沿海荒水、荒滩，发展海水养殖业，提高了水产品的有效供给，并在一定程度上缓解了近海渔业资源的压力。渔业作为一项资源、环境利用型产业，其发展必须实行规模控制，才能实现可持续发展。

（1）渔业的捕捞规模应控制在捕捞能力与资源再生能力相协调的水平。我国高度重视渔业再生资源和捕捞能力相协调的工作，确立了"休渔"的发展方针。自1995年在东海、黄海实施伏季休渔制度以来，目前休渔区域已扩展到全国沿岸，休渔的时间已达3个月，对渔业资源的恢复和保护起了积极的作用。美国《渔业保护和管理法》规定，美国渔业管理的总体目标即是使每一种渔业持续达到最佳产量，同时又防止捕捞过度，促进渔业的可持续发展。简而言之，就是既不破坏资源，又最大限度地利用资源。实现渔业的捕捞能力与再生资源的良性循环发展。

（2）增强对发展海洋渔业的

小鱼的放生

认识，把海洋渔业资源优势转化为产业优势。在发展海洋渔业资源的同时，大力发展海域养殖业，如牡蛎、珍珠贝和扇贝等，同时发展池塘和网箱养殖。

（3）调整渔业发展的着重点，遵循渔业的再生规律和生态环境等条件变化，把渔业发展的重点更多地调整到增养殖上，调整到水产品的精深加工上。

（4）实施科技兴渔战略，将现代科技运用到渔业上，致力于优化渔业结构、加强管理、实行集约经营、提高经济质量。

（5）在渔区发展休闲渔业，开创渔区经济新的增长点。

（6）积极开展渔业资源的国际间和区域间的交流和合作。渔业资源的流动性和洄游性，使得一些渔业资源成为几个国家的共有资源，决定了渔业资源的管理和保护必须进行国际间和区域间的交流和合作。各国应在追求共同利益的基础上真诚合作。我国积极与有关国家、地区和组织广泛开展渔业合作与交流，共同遵守有关的国际公约和双边、多边协定，积极推进世界海洋渔业资源和生态环境保护工作，实现渔业的可持续发展。

第六章

趣谈人类生命的能源

　　谷类作物是人们的日常饮食、食品加工、饲料等的主要作物，主要包括稻米、玉米、小麦、大麦、高粱、燕麦、小米、青稞等。许多谷类作物食品不仅能为人体机能提供日常所需，还能起到食疗的作用。研究发现，全谷类食物的摄入与心脏病的发病率有关，增加全谷类食物的摄入能使心脏病的发病率平均降低26％。因此，五谷杂粮不仅维持着人体的基本生命功能，而且还通过食疗的方式强健着人体的机能，发挥着如同药物的功能，正所谓"药食同源"。人类另一个不可或缺的能源——蔬菜，则是人们日常饮食中必不可少的食物之一，其主要是指供食用的柔嫩多汁的植物根、叶、茎、幼芽、花果以及食用菌等。蔬菜的营养功能主要是供给人体所必需的多种维生素、无机盐、微量元素、酶及芳香物质等，此外还可补充人体中的部分热能和蛋白质，具有维持体内酸碱平衡、帮助消化、增强体质等功能。人类生活中还有一个不可或缺的物质——水果，水果是指多汁且有甜味的植物果实，不但含有丰富的营养且能够帮助消化。每天食用适量的水果，是滋养身心的最佳方法。本章就五谷类中的稻米、蔬菜类中的白菜、水果类中的苹果等人类生命能源的相关话题来拓展延伸。

玉　米

稻　米

稻米也叫稻或水稻，是一种谷物，我国南方俗称其为"稻谷""谷子"，脱壳后的稻谷是大米。煮熟后，北方称米饭，南方叫白饭。水稻主要种植在亚洲、欧洲南部、热带美洲及非洲部分地区。稻米的主要生产国是中国、印度、日本、泰国和美国等。

稻　米

我国是世界上水稻栽培历史最悠久的国家，据浙江余姚河姆渡发掘考证，早在六七千年前就已种植水稻。水稻在中国广为栽种后，逐渐向西传播到印度，中世纪进入欧洲南部。著名的小站稻产于天津，它是袁世凯在小站练兵时引进的品种，先在小站地区试种，后经天津南郊的高庄子一位姓李的地主改良后成为今天的小站稻。

稻米按品种可分为籼米、粳米、糯米三类；按加工精度可分为特等米、标准米；按产地或颜色可分为白米、红米、紫红米、血糯、紫黑米、黑米等；按收获季节分为早、中、晚三季稻；按种植方法分为水稻、旱稻。加工之后稻米的种类主要有糙米、胚芽米、白米、预

稻　谷

熟米、营养强化米、速食米、有机米、免淘洗米、蒸谷米等。

在我国，有许多日常问候语、成语及谚语都与稻米有关。比如，中国人最常打招呼的是"你吃饭了吗"，就是稻米文明的典型代表话语。另外还有就是所谓的"开门七件事"（柴、米、油、盐、酱、醋、茶）。而著名的诗词、谚语则有"锄禾日当午，汗滴禾下土，谁知盘中餐，粒粒皆辛苦""巧妇难为无米之炊""偷鸡不着蚀把米"等。另外，我国还产生了许多与稻米有关的风俗。比如，高山族会把稻米煮成饭，或把糯米蒸成糕与米粑，以庆祝各种节日或来宾；汉族在农历新年时喜吃元宵、年糕、萝卜糕，在端午节吃棕子等。

稻米在国外也有悠久的食用历史。如印度产稻的历史就相当悠

锄　禾

久。印度的稻米之王称为"印度香米"。稻米是泰国主要的出口品，而泰国是全球最大的稻米出口国。农耕节是泰国的主要节日，其中的耕田播种仪式最为重要，以期盼五谷丰收。

在饮食界，稻米能做成多种美食，比如米饭、泡饭、年糕、酒酿、糯米糍、米酒等。稻米中氨基酸、蛋白质等含量丰富。稻米具有补中益气、健脾养胃、益精强志、和五脏、通血脉、聪耳明目、止烦止渴止泻的功效。适宜一切体虚之人、高热之人、久病初愈、妇女产后、老年人、婴幼儿等人群。稻米的食用禁忌主要有：糖尿病患者不宜多食；唐代的学者孟诜认为"粳米不可同马肉食，会发痼疾"，也"不可和苍耳食，会令人卒心痛"。

 ## 农业百花园

薏米的功效

薏米又名薏仁、米仁、珠珠米、六谷子等，被誉为"世界禾本科植物之王"，是常用的中药，又是普遍常吃的食物。薏米生于湿润地区，耐涝耐旱。我国各地均有栽培，长江以南各地有野生薏米。主要生于屋旁、荒野、河边、溪涧、阴湿的山谷中。薏米营养丰富，对久病体虚、病后恢复期患者，以及老人、产妇、儿童都是较好的药用食物，可经常服用。广西桂林地区有着"薏米胜过灵芝草，药用营养价值高，常吃可以延年寿，返老还童立功劳"的民谣。

薏米的医学功效主要有：健脾、渗湿、止泻、排脓、抗肿瘤、增强免

薏　米

疫力、抗炎、降血糖、抑制骨骼肌的收缩、镇静、镇痛、解热、降血钙、延缓衰老、降血钙、降血压、抑制胰蛋白酶、诱发排卵。适用于脾虚腹泻、肌肉酸重、关节疼痛、水肿、脚气、白带、肺脓疡、小便淋沥、湿温病、风湿痹痛、肺痈、肠痈、扁平疣、阑尾炎等疾病。

生薏米煮汤服食，利于去湿除风；用于健脾益胃、治脾虚泄泻须炒熟食用。薏米用作粮食吃，煮粥、做汤均可。夏秋季和冬瓜煮汤，能清暑利湿。薏仁又是一种美容食品，常食可以保持人体皮肤光泽细腻，消除粉刺、斑雀、老年斑、妊娠斑、蝴蝶斑，对脱屑、痤疮、皲裂、皮肤粗糙等

都有良好疗效。

薏米食用时的注意事项有：薏仁会使身体冷虚，因而虚寒体质的人不宜长期服用；怀孕妇女及正值经期的妇女应避免食用；薏仁所含的醣类黏性较高，所以吃太多会妨碍消化。

白　菜

白菜别名胶菜、绍菜，俗称大白菜。白菜是人们生活中不可缺少的蔬菜，味道鲜美，营养丰富，素有"菜中之王"的美称，栽培面

白　菜

积和消费量在中国均居各类蔬菜之首。白菜是我国原产蔬菜，有悠久的栽培历史。我国新石器时期的西安半坡原始村落遗址发现的白菜籽距今约有六千至七千年历史。古籍《诗经·谷风》中即有"采葑采菲，无以下体"的记载，葑又叫蔓青、芥菜、菘菜，即为白菜。唐朝时已选育出白菘，宋朝时正式称为白菜。明代以前白菜主要在太湖地区栽培，明清时期在北方得到迅速发展。同时，浙江地区培育成功结球白菜（大白菜）。18世纪中叶在北方，大白菜取代小白菜。华北、山东出产的大白菜开始沿京杭大运河销往江浙、华南。大白菜是在明朝时由我国传到朝鲜的，之后成为朝鲜泡菜的主要原料。20世纪初的日俄战争期间，日本士兵把它带到日本。如今，世界各地都引种了中国白菜。

白菜含有蛋白质、脂肪、多种维生素和钙、磷等矿物质以及大量粗纤维。尤其是白菜含较多维生素，与肉类同食，既可增添肉的鲜美味，又可减少肉中的亚硝酸盐类物质，减少致癌物质亚硝酸胺的产生。在中国民间流传着"肉中就数猪肉美，菜里惟有白菜鲜"的俗语。白菜特别适合肺热咳嗽、便秘、肾病患者，女性也应该多吃。白菜有一定的药用价值，《名医别录》里说"白菜能通利胃肠，除胸中烦，解酒毒"。清代《本草纲目拾遗》中说："白菜汁，利肠胃，除胸烦，解酒渴，利大小便，和中止嗽"，并说如配葱白、生姜、萝卜等煎汤饮，可治感冒。如捣烂、炒热后外敷脘部，可治胃病。白菜根配银花、紫背浮萍，煎服或捣烂涂患处，可治疗皮肤过敏症，尤其是面部皮肤过敏。另外，生白菜汁和生萝卜汁内服还能治煤气中毒。

不过，忌食隔夜的熟白菜和未腌透

白　菜

的大白菜；腹泻者忌食大白菜；气　　痢者不可多食；腐烂的白菜含有亚
虚胃寒的人忌多吃；胃寒腹痛、寒　　硝酸盐等毒素，不能食用。

 趣味百花园

黄瓜的来历

黄瓜原名叫胡瓜，也叫青瓜、刺瓜、王瓜。栽培历史悠久，是世界性蔬菜，源于印度北部。黄瓜是汉朝张骞出使西域时带回中原的。后赵时，胡瓜更名为黄瓜。后赵王朝的建立者石勒本是羯族人，他在今河北邢台登基做皇帝后，对人们称羯族人为胡人大为恼火。于是制定一条法令：无论说话写文章，一律严禁出现"胡"字，违者斩首。有一天，石勒召见地方官员，当他看到襄国郡守樊坦穿着打了补丁的破衣服来见他，很不满意。石勒问道："樊坦，你为何衣冠不整就来朝见？"樊坦慌乱之中不知如何回答，就随口答道："这都怪胡人没道义，把衣物都抢掠去了，害得我只好褴褛来朝。"刚说完，就意识到自己犯了禁，急忙叩头请罪，石勒见他知罪，也就不再指责。等到御赐午膳时，石勒又一次指着一盘胡瓜问樊坦："卿知此物何名？"樊坦看出这是石勒故意在考问他，便恭恭敬敬地

黄　瓜

回答道:"紫案佳肴,银杯绿茶,金樽甘露,玉盘黄瓜。"石勒听后,满意地笑了。从此,胡瓜就被称为黄瓜。

苹 果

苹果又叫滔婆,酸甜可口,被称为"大夫第一药"。苹果原产于欧洲、中亚和我国新疆,栽培历史已有5000年。欧洲苹果栽培起源于希腊,随着300年前新大陆的发现,苹果传入美洲,日本在明治维新时

苹 果

苹 果

代从欧美引入栽培。我国原产的绵苹果在秦汉时代就有记载。贾思勰的《齐民要术》有关于柰和林檎的记载。柰就是现在的苹果，林檎即沙果。

我国是世界上最大的苹果生产国和消费国，有黄土高原区、渤海湾产区、黄河故道产区和西南冷凉高地四大产区。我国著名的苹果有天水花牛苹果、烟台苹果。天水花牛苹果是我国在国际市场上第一个获得正式商标的苹果品种。与美国"蛇果"齐名。烟台苹果是山东名产之一，素以风味香甜、酥脆多汁享誉海内外。

科学家把苹果称为"全方位的健康水果"，含有蔗糖、还原糖、苹果酸、柠檬酸、酒石酸、奎宁酸、醇类、果胶、维生素C、钾、钠等成分。苹果中的纤维，对儿童的生长发育有益；苹果中的锌对儿童的记忆有益，能增强儿童的记忆力，因此苹果有"记忆果"之称。苹果富含微量元素钾，钾对心血管有保护作用。因此，苹果还是高血压、肾炎水肿患者必不可少的食品。

在我国北方，民间有"饭后吃苹果，老头赛小伙"之说。多吃苹果可改善呼吸系统和肺功能，保护肺部免受污染和烟尘的影响。准妈妈每天吃个苹果可减轻孕期反应。苹果非常适合婴幼儿、老人和病人食用，尤其适宜慢性胃炎、消化不良、便秘、高血压、高血脂、肥胖和维生素缺乏者。吃苹果时要细嚼慢咽；不要在饭前吃水果，以免影响消化；苹果富含糖类和钾盐，因而肾炎、糖尿病者不宜多食；冠心病、心肌梗塞、肾病的人不宜多吃；苹果忌与水产品同食，否则会导致便秘。

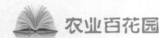

农业百花园

梨的妙用

（1）梨子治感冒、咳嗽、急性支气管炎的配方：生梨1个，洗净连皮切碎，加冰糖蒸熟吃。或将梨去顶挖核，放入川贝母3克、冰糖10克，置碗内文火煨之，待梨炖熟，喝汤吃梨，连服2～3天，疗效尤佳。

（2）梨子治肺热、咽疼、失音的配方：雪梨捣汁徐徐含咽，每日服3～4次。

（3）梨子治肺热、咳嗽的配方：生梨加冰糖炖服，或生梨去心加贝母3克炖服；或梨1个，芦根30克，冰糖同煮，睡前热食，见小汗为佳，食3天；或梨汁、藕汁等量服。

（4）梨子治百日咳的配方：梨挖心装麻黄1克或川贝3克，桔仁6克，盖好蒸熟吃。

（5）梨子治肺结核咯血、干咳无痰的配方：川贝10克，梨2个削皮挖心切块，加猪肺煮汤，冰糖调味，可清热润肺、止咳去痰。

（6）梨子治肺痰咳嗽、干咳咯血的配方：雪梨6个。削皮挖心，将糯米100克煮成饭，川贝粉12克。冬瓜条100克切碎。冰糖100克拌匀，装入梨

梨

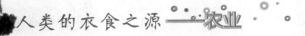

中，蒸50分钟后食用，早晚各服1次，可润肺化痰，降火止咳。

（7）梨子治小儿风热咳嗽、食欲不振的配方：鸭梨水煎取汁，加入大米煮粥。

（8）梨子治咽炎、红肿热痛、吞咽困难的配方：沙梨用米醋浸渍，捣烂、榨汁，慢慢咽服，早晚各1次。

第七章

彪炳千古的中外农学家

　　纵观人类发展史，人类在认识自然、改造自然的过程中，创造了一个又一个光辉灿烂的文明。人类历史先后经历了采猎文明、农业文明、工业文明三个发展阶段。进入21世纪，人类社会开始向生态文明迈进，这是社会历史发展的必然趋势。我国作为古代农业文明的中心区，在几千年的农业文明发展中，悠久的农业历史让农学家积累了丰富的农学知识理论，涌现出了许多杰出的农学家代表，如著有我国历史上最早的农业科学著作《氾胜之书》的西汉农学家氾胜之；以古代第一部综合性农书《齐名要术》而名扬古今中外的北魏农学家贾思勰；著有适应北方需要的农书《王祯农书》的元代农学家王祯；明朝集前代农业科学之大成的著作——《农政全书》的编著者农学家徐光启等。到了现代，我国农业发展技术日新月异，达到了领先世界的农业发展水平。新时期涌现出了一批卓越的农业科学家，如我国耕作学科创始人之一的沈学年；被誉为杂交水稻之父的袁隆平等。

　　在西方，《农业志》《论农业》是古罗马留给后世的完整的农业著作，作为研究古代西方农业经济的第一手资料，这两部农书体现了古代西方农学的成就，其书的作者分别是罗马早期的政治家、农学家加图和古罗马著名的语言学家和农学家瓦罗。接下来，本章就来说一说几位中外农学家的生平、代表作及其成就等。

西汉农学家氾胜之

氾胜之，氾水（今山东曹县）人，西汉农学家。汉成帝时任为议郎、劝农使者。曾在三辅教民种田，后迁御史。他总结黄河流域的农业生产经验，创造了精耕细作的区田法，另还有溲种法、穗选法、嫁接法等。著有《氾胜之书》共2卷18篇，被称为中国最早的农学著

冬小麦

作。

泛胜之的先人本姓凡，在秦统一中国的过程中，为躲避战乱，举家迁往泛水，因此改姓泛。泛胜之生平事迹不详，只知他在汉成帝(公元前32—前7年在位)时，出任议郎。他曾在包括整个关中平原的三辅地区推广农业，教导农民种植冬小麦，而且颇有成效，许多热心于农业生产的人都前来向他请教，关中地区的农业因此取得了丰收。他本人也可能是因为推广农业有功，由议郎提拔为御史。在总结农业生产经验的基础上，泛胜之写成了农书18篇，这就是《泛胜之书》。

泛胜之继承了前人的重农思想，认为粮食是决定战争胜负的关键，谷帛是统治天下的根本。他主张备荒，把稗草和大豆列为备荒作物，倍加注意。泛胜之不仅在思想上重农，而且还身体力行，进行了区田法的试验，列入此项试验的主要作物有禾、黍、麦、大豆、荏、胡麻、瓜瓠等作物，目的在于将扩

太 豆

大耕地面积和提高单位面积产量结合起来。因为关中地区，经过数千年的开发，许多良田沃土早已得到利用，剩下的一些荒地，如山地、丘陵、陡坡等，一般倾斜坡度较大，利用起来有一定的困难。随着人口的增加，就出现了人多地少的矛盾，这是当时一个较为严重的社会经济问题。如何解决关中地区地少人多以及由此而引起的弃农经商的问题，成为西汉政府煞费苦心的大事。为此，政府曾经多次将官家直接掌管的苑囿、公田、池田等假借给贫民，但这对于问题的解决毕竟是有限的。氾胜之的区田法试验表明，区田以粪气为美，非必须良田也。如山陵、近邑高危倾阪及丘城上，皆可为区田。在区田法试验的基础上，氾胜之还总结了一系列的作物栽培技术。他将自己收至亩40石的试验结果上奏到朝廷，希望有助于解决当时关中地区人多地少的矛盾。

《氾胜之书》

《氾胜之书》总结了北方旱作农业技术，对传统农学产生了深远的影响。《齐民要术》直接引用前人的著述，以《氾胜之书》为最多。此外，该书所记载的一些农业技术，也为后来的农书所继承和发展。如《四民月令·正月》就继承了此书中檿木测土壤定春耕的方法。的确，在《氾胜之书》的影响下，历史上做过区田试验的人很多，有的还写下了实验报告和论著。据王毓瑚《中国农学书录》的统计，在氾书之后，有关区田的著作有13种之多，曾有人将这些书整理为《区种五种》和《区种十种》出版。区田法的影响还不止于此。金代曾以行政力量，在黄河流域推行。明清时代也有不少人倡议实行。现代陕西、山东等地所采用的"掏钵种"或"窝种"，其原理与

《授时通考》

区田法也是一致的。《氾胜之书》所提出的耕作总原则对于北方旱作农业也起到了一定的指导作用。

《氾胜之书》不仅提出了耕作的总原理和具体的耕作技术，还列举了十几种作物具体的栽培方法，奠定了中国传统农学作物栽培总论和各论的基础，而且其写作体例也成了中国传统综合性农书的重要范本。从《齐民要术》到《农桑辑要》《王祯农书》，再到《农政全书》《授时通考》莫不如此，凡此种种足以证明氾胜之对中国农学的贡献。

北魏农学家贾思勰

贾思勰是我国北魏时期杰出的农业科学家，山东益都人，做过高阳郡（今山东淄博市）太守。他倾注毕生心血编撰的《齐民要术》是一部内容丰富、规模巨大的农业生产技术著作。书中内容丰富，涉及面极广，囊括了各种农作物的栽培、各种经济林木的生产、各种野生植物的利用等。同时，书中还详细介绍了各种家禽、家畜、鱼、蚕等的饲养和疾病防治，并把农副产品的加工（如酿造）以及食品加工、文具和日用品生产等形形色色的内容都记载在内。该书是我国最早的一部从理论上系统研究农业的百科全书，在我国和世界农业科学发展史上都具有极高的学术价值，堪称为不朽的农业科学巨著，贾思勰也因此而名垂史册。

贾思勰

◆ 生平事迹

贾思勰（公元386年—543年），汉族，益都（今属今山东省寿光市西南）人，生活于我国北魏末期和东魏（公元六世纪），曾经做过高阳郡（今山东临淄）太守，是中国古代杰出的农学家。贾思勰出生在一个世代务农的书香门第，其祖上就很喜欢读书、学习，尤其重视农业生产技术知识的学习和研究，这对贾思勰的一生有很大影响。他的家境虽然不是很富裕，但却拥有大量藏书，使他从小就有机会博览群书，从中汲取各方面的知识，为他以后编撰《齐民要术》打下了基础。成年以后，他开始走上仕途，曾经做过高阳郡（今山东临淄）太守等官职，并因此到过山东、河北、河南等许多地方。每到一地，他都非常重视农业生产，认真考察和研究当地的农业生产技术，向一些具有丰富经验的老农请教，获得了不少农业方面的生产知识。中年以后，他又回到自己的故乡，开始经营农牧业，亲自参加农业生产劳动和放牧活动，对农业生产有了亲身体验，掌握了多种农业生产技术。大约在北魏永熙二年（533年）到东魏武定二年（554年）期间，他将自己积累的许多古书上的农业技术资料、询问老农获得的丰富经验、以及他自己的亲身实践，加以分析、整理、总结，写成农业科学技术巨著《齐民要术》。

贾思勰

◆ 代表作品

《齐民要术》是北魏时期的中国杰出农学家贾思勰所著的一部综合性农书，不仅是中国现存的最完整的农书，也是世界农学史上最早的专著之一。该著作系统地总结了6世纪以前黄河中下游地区农牧业生产经验、食品的加工与贮藏、野生植物的利用等，对中国古代农学的发展产生过重大影响。《齐民要术》一书由序、杂说和正文三大部分组成，正文共92篇，分10卷。书中内容相当丰富，涉及面极广，包括各种农作物的栽培，各种经济林木的生产，以及各种野生植物的利用等等。同时，书中还详细介绍了各种家禽、家畜、鱼、蚕等的饲养和疾病防治，并把农副产品的加工

野生植物

（如酿造）以及食品加工、文具和日用品生产等形形色色的内容都囊括在内。因此说《齐民要术》对我国农业研究具有重大意义。

◆ **农学思想**

（1）顺应自然规律，发挥主观能动性

贾思勰认为，农作物生长是有规律的。谷子成熟有早晚。早熟的谷子棵体矮小，果实多；晚熟的谷子长的高大，果实少。强壮的苗长得短小，黄谷就是这样。收少的果实味道好，高产的果实不好吃。良田可以晚种，薄田就要早种。良田不是一定要晚种，也可早种，但薄田晚种就可能收不到庄稼。山地种庄稼，要选强壮的种子，因为要避风霜。肥沃的田里种庄稼，可以用不一定强壮的种子，主要是多产。顺天时，量地力，则用力少而成功多。任情反道，劳而无获。

稻　谷

（2）以粮食为中心，多种经营的思想

贾思勰重农，首先是重视粮食生产。但他又并不把农业生产归结为生产粮食，而是要多种经营。《齐民要术》包括了粮食作物、园艺作物、林木、种桑养蚕、畜牧、养鱼、农副产品加工等内容。贾思勰认为，农副产品加工是农业生产的继续，是生产转向消费的必要环节。经过加工的农副产品，不但满足了消费者的需要，而且价值也提高了。《齐民要术》中就有酒、醋、酱、豉的制作，还有把粮食、蔬菜、果品、肉鱼加工成耐储食品的方法。

（3）注重生产成本，要有经济核算的思想

《齐民要术》是要教导农民搞好农业生产，可是农民要生产就有一个生产成本问题。贾思勰在书中谈到，实际是教导农民，首先要按市场条件来安排生产，其次要有适当的规模和合理的田间布局来生产。要使用临时性雇工，以降低成

《齐民要术》

本。要重视成本核算和利润的计算。《齐民要术》列举了大量的实例，教农民如何计算，甚至连运输、销售的费用都有计算。贾思勰的《齐民要术》不仅是北魏时期的重要农学著作，现在看仍然是重要的、有极大学术价值的科学专著。

◆ 历史成就

北魏农学家贾思勰在历史上为中国的农业作出了卓越的贡献，其成就主要表现在以下几个方面：

（1）建立了较为完整的农学体系，对以实用为特点的农学类目作出了合理的划分

《齐民要术》全书结构严谨。从开荒到耕种；从生产前的准备到生产后的农产品加工、酿造与利用；从种植业、林业到畜禽饲养业、水产养殖业，论述全面、脉络清楚。在学科类目划分上，书中基本依据每个项目在当时农业生产、民众生活中所占的比例和轻重位置来安排顺序。把土壤耕作与种子选留项目列于首位，记叙了种子单选、单收、单藏、单种种子田、单独加以管理的方法。在栽培植物方面，对农田主要禾谷类作物作重点叙述。豆类、瓜类、蔬菜、果树、药用染料作物、竹木以及檀桑等也给予应有的位置。在饲养动物方面，先讲马、牛，接着叙述羊、猪、禽类，多是各按相法、饲养、繁衍、疾病医治等项进行阐说，对水产养殖也安排一定的篇幅作专门载说。叙述的农业技术内容重点突出、主次分明、详略适宜。对当时后魏疆域以外地区的植物，也曾广为搜集材料并予以注释解说。这种注重种植业、养畜业、林业、水产业、加工业间的密切联系，叙述所处疆域兼及其境外农产的结构体系，在中国农业科学技术史上具有首创的意义。《齐民要术》以

后，中国著名的农学古籍与《齐民要术》规模相似的有元代《农桑辑要》《王祯农书》，明代的《农政全书》以及清代的《授时通考》。这四部全面性大型农书均取法《齐民要术》，并以《齐民要术》书中的精练内容作基本材料。《齐民要术》书中所记载的种植、养殖技术原理原则，许多至今仍有重要的参考借鉴作用。

（2）精辟透彻地揭示了黄河中下游旱地农业技术的关键所在，规范了耕、耙、糖等基本耕作措施

黄河中下游地区，春季干旱

瓜　类

多风，气温回升迅速，夏日连雨等特点极为明显。从远古以来，形成的对应措施是注意农时，讲究农耕方法。《齐民要术》在耕、耙、耱等重要农具的阐说，耕、耙、耱、锄、压等技术环节的巧妙配合，犁、耧、锄等的灵活操用诸方面作了系统的归纳，规范了秋耕、春耕的基本措施，若干重要作物的播种量，播种的上时、中时、下时以及不同土质、墒情下的相应播法。《齐民要术》在改造土性、熟化土壤、保蓄水分、提高地力，在作物轮作换茬，在绿肥种植翻压，在田间井群布局与冬灌等方面，有许多重要的创见。《齐民要术》把黄河中下游旱地农耕技术推向了较高的水平。千余年间，在近现代农学方法应用以前，世代治农学者很少能在北方旱地农耕技术领域添加重要的新内容。

（3）将动物养殖技术向前推进了一步

黄河中下游旱地农业

《齐民要术》有6篇分别叙述养牛马驴骡、养羊、养猪、养鸡、养鹅鸭、养鱼。役畜使用强调量其力能，饮饲冷暖要求适其天性，总结出"食有三刍，饮有三时"的成熟经验。养猪部分载有给小猪补饲粟、豆的措施。书中已注意到饲育畜禽等在群体中要保持合理的雌雄比例。如"养羊篇"中提出10只羊中要有2只公羊，公羊太少，母羊受孕不好；公羊多了，则会造成羊群纷乱。对养鹅、鸭、鸡、鱼等都提出了雌雄相关的比例关系，鹅一般是3雌1雄，鸭5雌1雄，池中放养雌鲤20尾则配雄鲤4尾。

（4）农产品加工、酿造、烹调、贮藏技术在《齐民要术》中占显著地位

养　猪

古代酿醋

酒、酱、醋等可能发明很早，但详细严谨揭示其制作过程，以《齐民要术》为最早。在"作酱法第七十"中，首先叙述用豆作的酱，但也记载了肉酱、鱼酱、榆子酱、虾酱等的制作方法。在"作菹藏生菜法第八十八"中提到藏生菜法："九月、十月中，于墙南日阳中掘作坑，深四五尺。取杂菜种别布之，一行菜一行土，去坎一尺许便止，以穰厚覆之，得经冬，须即取。粲然与夏菜不殊。"这一鲜菜冬季贮藏的方法与现在的"假植贮藏"措施基本相同。

（5）记载有许多精细植物生长发育及有关农业技术的观察材料

"种韭第二十二"中提到"韭性内生，不向外长"。"种梨第三十七"中提到梨树嫁接，接穗，"用根蒂小枝，树形可喜，五年方结子；鸠脚老枝，三年即结子而树丑"。同篇还有"每梨有十许子，唯二子生梨，余生杜"。"种椒第四十三"讲叙椒的移栽时称："此物性不耐寒，阳中之树，冬须草裹，其生小阴中者，少禀寒气，则不用裹。"这些，都是很有启发意义的观察记载材料，得到后世农学家的重视。"种谷楮第四十八"中提到种楮子时与麻混播，秋冬留麻，为楮树幼苗"作暖"，这是在深刻认识两种植物生长发育特点的基础上，相应采取简便易行的保护措施。"栽树第三十二"中所述果树开花期于园中堆置乱草、生粪，煴烟防霜的经验尤为可贵。其中叙述成霜条件是"天雨新晴，北风寒切，是夜必霜"。所讲与现代科学原理相符，而遇此情况要："放火作燃，少得烟气，则免于霜矣。"

韭菜种植

类似的煴烟防霜措施，至今仍是减免霜害的一种简单有效方法。

（6）重视对农业生产、科学技术与经济效益进行综合分析

尽管《齐民要术》序中写有"故商贾之事，阙而不录"的话，反映作者受当时崇本抑末、非议经商的思想影响较深。但在全书中，如栽种蔬菜瓜果、植树营林、养鱼、酿造等篇，却详细描述了怎样进行多样经营，如何到市场售卖，怎样多层次利用农产品等有关经济效益的内容。"种葵第十七"提到，都邑郊区有市集之处，蔬菜种植安排得好，亦可实观周而复始、日日无穷的周年产销。《齐民要术》"卷

头杂说"虽为后人添加，但长久以来已与全书融为一体。其中也曾叙及10亩地内种葱、瓜、萝卜、葵、莴苣、蔓菁、芥、白豆、小豆等的精细种植计划，并指明"若能依此方法，则万不失一"。书中还记载有较多以小本钱多获利的实际内容。现代学者从经济科学角度研究《齐民要术》，认为贾思勰的著作

贾思勰

不单是一部影响深远的古代农业技术典籍，也是中国封建社会农业经营方法方面的百科全书。贾思勰所撰著的《齐民要术》，以其精湛的内容和承前启后的伟力，把他推到农学家的位置，在中国农学史以至世界农学史上都居有重要地位。

农业百花园

古代农学家——鲁明善

鲁明善是元朝另一外著名的农学家，维吾尔族人，长期活动在淮河流域。他认为："农桑是衣食之本。务农桑，则衣食足；衣食足，则天下可久安长治。"他主张作为地方官，最根本的是要做好"劝农"这件事，使老百姓能安心从事农业生产，在他担任地方官的寿春郡（今安徽寿县）社会秩序比较安定。

公元1314年，鲁明善的《农桑衣食撮要》刻印。这是他经过刻苦学习和实践编写成的一部通俗易懂的农业技术推广资料。他从指导农民进行农业生产出发，大胆否定和剔除了以往农

鲁明善《农桑衣食撮要》

家月令书中不切实际的内容及糟粕。全书约一万余字，包括农、林、牧、副、渔各个方面，是一本农村小百科全书。

元朝农学家王祯

元朝著名农学家、印刷技术革新家王祯，曾担任县尹，正直爱民，奖励农业，发展生产。为总结农事经验，他前后用了十七年时间撰写了一部约计136 000千余字、插图280余幅的农学巨著《王祯农书》，全书集北魏以来农业生产之大成，是我国第一部适用范围最广、最为全面的农书，在中外农学史上占有显著地位。此外，他还成功地发明了木活字印刷术，于冶炼技术也有发明创新，对元代科学技术的发展贡献甚大。

◆ 生平事迹

王祯（1271年—1368年），字伯善，元代东平（今山东东平）人。中国古代农学、农业机械学家。关于王祯的生平活动，有据可查的史料很少，史书有记载的是他做过两任县尹。一是元成宗元贞元年(1295年)，任宣州旌德县(今安徽旌德)县尹，在职六年；二是元成宗大德四年(1300年)，调任信州永丰县（今江西广丰）县尹。

王祯认为，吃饭是百姓的头等大事，所以作为地方官，应该熟悉农业生产知识，否则就无法担负劝导农桑的责任。因此，他留心农事，处处观察，积累了丰富的农业知识。每到一地，就传播先进耕作技术，引进农作物的优良品种，推

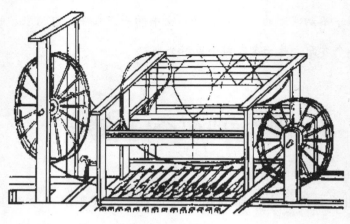

《农书》插图中的元代多锭大纺车

广先进农具。这些做法为后来撰写《农书》积累了丰富的材料。

◆ 代表作品

我国元代总结农业生产经验的一部农学著作《王祯农书》，是一部从全国范围内对整个农业进行系统研究的巨著。《王祯农书》大约是在旌德县尹期间着手编写的，成书于元仁宗皇庆二年，明代初期被编入《永乐大典》。全书共三十七卷（现存三十六卷，另有编做二十二卷的版本，内容相同），大约十三万字，插图三百多幅。全书内容包括3个部分：①《农桑通诀》6集，作为农业总论，体现了作者的农学思想体系；②《百谷谱》11集，为作物栽培各论，分述粮食作物、蔬菜、水果等的栽种技术；③《农器图谱》20集，占全书80%的篇幅，几乎包括了传统的所有农具和主要设施，堪称中国最早的图文并茂的农具史料，后代农书中所述农具大多以此书为范本。《王祯农书》是我国第一部力图从全国范围对整个农业作系统全面论述的著作，对土地利用方式和农田水利叙述颇详，并广泛介绍各种农具，是我国古代一部农业百科全书。

◆《王祯农书》的特点

《王祯农书》继承了前人在农学研究上所取得的成果，总结了元朝以前农业生产实践的丰富经验，在中国农学史上占有极其重要的地位。该书突出的特点主要有：

（1）比较全面系统地论述了广义的农业

《王祯农书》中的"农桑通诀"部分，可以说是农业总论。它比较全面和系统地论述了广义农业的内容和范围。开头以"农事起本""牛耕起本""蚕事起本"为题，叙述了农事和蚕桑的起源，将王祯所处时代的农业同历史的农业联系了起来，把元代的农业作为历史农业的一部分，使它成为承前启后、继往开来的纽带。接下来以"顺天之时、因地之宜、存乎其人"这"三才"理论为指导思想，

全面而系统地论述了狭义农业的各个方面。首先，它以"授时"和"地利"两篇探讨了农业生产客观环境的复杂性和规律性，强调了农业生产中"时宜"和"地宜"的重要性。在尊重天时、地利等自然规律的条件下，全面系统地阐述了人事的各个方面，其中包括垦耕、耙劳、播种、锄治、灌溉、收获等专篇，概述了农业种植中的各项问题。"农桑通诀"还分列了"种植""畜养""蚕缲"等专篇，阐述林、牧、副、渔等广义农业各个方面的内容。读完"农桑通诀"之后，使人们对广义农业的内容和范围，以及农业生产中客观规律性和主观能动性的各个方面，都能有个清晰明了的认识。

（2）兼论南北农业，对南北农业的异同进行了分析和比较

《王祯农书》之前的几部重要农书，如《氾胜之书》《齐民要

养蚕缫丝

术》《农桑辑要》等，都是总结北方农业生产经验的著作，《陈旉农书》又是专论南方农业的，只有《王祯农书》才是兼论南方和北方农业的。它对南北农业技术以及农具的异同、功能等，进行了深入细致的分析和比较，这是此书的一大特色。

（3）有比较完备的"农器图谱"

在《王祯农书》以前，论述农具的书有唐代陆龟蒙的《耒耜经》，其中所介绍的农具以江东犁为主，兼及耙等几种水田耕作农具，没有图。南宋曾之谨的《农器谱》（该书已佚）所收的农具，不仅数量不及王祯的"农器图谱"多，而且也没有图。在《王祯农书》以后的重要农书，如《农政全书》《授时通考》等，虽然也有"农器图谱"，但是它们多抄自《王祯农书》，没有增加多少新内

容。由此可见，《王祯农书》中的
"农器图谱"是王祯在古农书中的
一大创造。该书插图200多幅，涉及
的农具达105种，可说是丰富多采、
洋洋大观、别开生面。

（4）在"百谷谱"中对植物性
状的描述

《王祯农书》中的"百谷
谱"，是分论各种作物栽培的。其
中包括谷属、蔬属、果属、竹木、
杂类等内容。这一部分同其
他古农书比较，多了植物性
状的描述，这也是《王祯农
书》的一项创举。如谷属中
的梁秫，就有"其禾，茎叶
似粟，其粒比粟差大，其穗
带毛芒"的描述；蔬属中的

冬瓜，有"其实生苗蔓下，大者如
斗而更长，皮厚而有毛，初生正青
绿，经霜则白如涂粉，其中肉及子
亦白"的描述；蔬属中的韭，有
"丛生、丰本、叶青、细而长、近
根处白"的描述等。

◆ **农学贡献**

王祯在农学上的贡献主要有下
列几方面：

《王祯农书》

（1）在贯彻"时宜"和"地宜"原则方面有新的创造

王祯为了在农业生产中贯彻"时宜"原则，创制了"授时指掌活法之图"，对历法和授时问题作了简明总结。同时，他还指出：要不依历书所载月份，而用节气定月，这样就可以正确代表季节性变化；其次图中所列各月农事，只适用于一个地区，其他地区应当按照纬度和其他因素来变更。如果各地都能斟酌当地的具体情况制定这样一个农事月历，对在农业生产中贯彻"时宜"原则将会有重要帮助。为了在农业生产中贯彻"地宜"原则，王祯创制了一幅《全国农业情况图》。这幅图是根据全国各地的风土和农产知识绘制的，它能帮助人们辨别各地不同的土壤，以便遵循"地宜"原则，实行因土种植和因土施肥。

（2）对自后魏以来我国南北精耕细作的优良传统经验进行了新的总结

表现之一是在北方旱地耕作中强调深耕细耙，还总结了先浅耕灭茬，然后再细耕多耙的新经验。表现之二是对北方旱地和南方水田的耕作体系作了新的概括。王祯把北方旱地的耕作体系概括为"耕、耙、劳"，所谓"其耕种陆地者，犁而耙之，欲其土细，再犁再耙，后用劳，乃无遗功也"；是对北方旱地翻耕法耕作体系的概括。与此同时，王祯对南方水田的耕作体系概括为"耕、耙、耖"。即所谓"南方水田，转毕则耙，耙毕则耖，故不用劳"。表现之三是总结了北方旱地实行套耕的新经验。王祯提出"所耕地内，先并耕两犁……其余欲耕平原，率皆仿此"。这是王祯对北方旱地采行内外套翻法，减少开闭垄，提高耕作质量这一新经验的总结，从而将北方旱地的耕作水平推向一个新的阶段。表现之四是总结了南方稻田旱作"开墢作沟"的新经验。南方向有"水乡泽国"之称，因此，南方稻田在收稻之后复种旱作时，"最忌水湿"，这是实行稻麦两熟的一大障碍。经过长期的探索，大约在元代，人们才创始了"开墢作沟"、整地排水的经验。王祯在他的《农书》中首先总结了这个经验："高田早熟、八月燥耕而墢之……蓄水深耕，俗谓之再熟田也。"这一经验总结，为南方稻田实行稻麦两熟、夺取稻麦双丰收，做出了重要贡献，至今仍然是南方稻区夺取二熟高产的关键措施之一。表现之五是强调"秋耕为主，春耕为辅"的原则。北方旱地有春旱多风，夏秋多雨的气候特点，为了适应这个气候特点，以便保墒防

农田灌溉

旱。王祯引用《韩氏直说》中总结的经验："凡地除种麦外，并宜秋耕。秋耕之地、荒草自少，极省锄功，如牛力不及，不能尽秋耕者，除种粟地外，其余黍豆等地，春耕亦可。"提出了秋耕为主，春耕为辅的原则。

（3）开辟了"粪壤"和"灌溉"专篇，将增肥和灌水摆上农业增产的重要地位

在王祯以前的重要农书中，大都没把增肥和灌溉放在重要地位，如《氾胜之书》和《齐民要术》中的农业总论部分都没有谈到增肥和灌溉问题，只是在各论部分中才谈到，可见肥水问题在农业增产中仍然没占有举足轻重的地位。及至南宋的《陈旉农书》虽列有"粪田之宜"专篇，却重在理论阐述，实践性较差。《王祯农书》不仅将"粪壤"和"灌溉"摆在"农桑通诀"这个总论的重要位置上，而且在理论上和实践上都有新发展。

（4）专辟"区田法"系统总结了几种特殊的土地利用经验

特别是对南方几种特殊土地利用经验的系统总结。由于女真铁骑的南侵，宋代中原人民不堪战乱的侵扰，大量南迁，"建炎之后，江、浙、湖、湘、闽、广，西北流寓之人遍满"。由于人多地少的矛盾非常突出，迫使人们开展了"与水争田"和"与山争地"的斗争。因此，自宋代以后，在南方各地出现了围田、圩田、柜田、涂田、架田、沙田、梯田等几种特殊的土地利用方式。及至元代，王祯在他的《农书》里首次系统地总结了这些特殊的土地利用经验。这是王祯在农学上的重要贡献之一。

（5）积极宣传和推广新创制的农业机具，促进农业生产的发展

《王祯农书》中的"农器图谱"在古农书中是一项创举。它所

收集的105种农具都采用图文并重的形式，对它们的发展历史、形制和操作方法都作了详细介绍，特别是对新创制的农具作了大力宣传和推广，这对促进农业生产的发展起到了重要作用。如新创制的耕耘器具秧马，能行于泥中，便于水田作业；新创制的收获农具推镰，这种用木做成横架及长柄，并安上小轮进行收割的农具，比一般的镰刀可提高工效好几倍；新创制的灌溉机具翻车，即龙骨车，是往高处提水的工具。

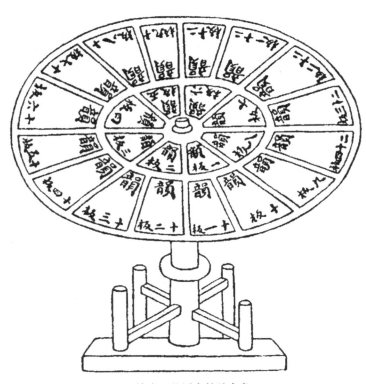

王祯发明的活字轮贮字盘

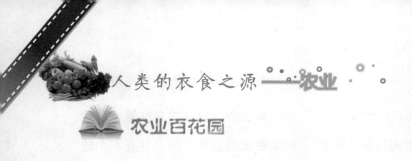

农业百花园

《陈旉农书》

　　《陈旉农书》是我国有史以来第一部总结南方农业生产经验的农书。书中提出了"地力常新社"的理论，提出了"用粪如用药"的合理施肥思想，并全面总结了江南水稻栽培经验，其作者陈旉对我国农业的发展作出了新贡献。《陈旉农书》约有12 000字，分上、中、下三卷，是我国古代第一部比较全面系统地总结江南"泽农"生产经验和技术的农书。其上卷泛言土地经营及植物栽培，中卷论养牛，下卷论养蚕。大抵泛陈大要，引

《陈旉农书》

经史以证明之，然亦结合了不少实践经验，对土地规划利用、土壤治理、水稻技术等方面颇有独到见解。

从这本书中，我们可以看到当时江南地区农业生产高度发展的水平和成就。陈旉农书中提出的"地力常新壮"的观点具有重大的实用意义，充分反映了农学家陈旉注重实践、善于观察的求实精神。

明代农学家徐光启

徐光启是我国明代的一位富于革新创造精神的著名科学家，他

徐光启

取得了多方面的科学成就。在天文历法方面，他主持了历法的修订和《崇祯历书》的编译；在数学方面，与意大利传教士利玛窦一起翻译并出版了《几何原本》；在军事方面，尤其注重对士兵的选练，他提出了"选需实选，练需实练"的主张。除此之外，徐光启还特别注重制器，非常关心武器的制造，尤其是火炮的制造等。但徐光启最大

的贡献是在我国农业发展史上，其所编著的农学巨著《农政全书》集我国古代农学之大成，对我国农业科学技术的发展，具有重大影响。

◆ **生平事迹**

徐光启（1562—1633年），字子先，号玄扈，上海徐家汇人。出

徐光启

生于明嘉靖四十一年（1562年），生活于明代晚期，崇祯六年（1633年）逝世，终年71岁。徐光启是明末封建统治阶级中的高级官员，担任过翰林院检讨、詹事府少詹事、河南道监察御史、礼部尚书等职位，71岁时又被授为文渊阁大学士。当时的明王朝政治腐朽，吏治黑暗，统治阶级内部腐朽，对外实行反动统治，国家的整体水平下降，以至于整个国家十分萧条窘困，劳动人民生活非常困苦。徐光启为人守正不阿，面对这个局面，他向朝廷提出了许多救国救民的主张，可是都没有被采纳，反而受到了贵族官僚的排挤迫害。于是他把大部分精力用于科学研究，写出了中国集古代农业科学之大成的巨著《农政全书》60卷。徐光启与汉代氾胜之、北魏贾思勰、宋代陈旉、元代王祯并称为中国古代五大农学家。

◆ **代表作品**

《农政全书》这部著作囊括了古今中外丰富的科学知识，体现出了著者徐光启作为一个杰出的农业研究者虚心求学、兼收并蓄、继往开来的博大胸襟。《农政全书》不但选辑了我国历代的和当时的农业文献，而且对这些文献做了选择、整理、批判和补充。同时记载了当时各地老农的生产经验和技术，并在此基础上发表了徐光启关

于农业方面的专门论述。《农政全书》按内容大致上可分为农政措施和农业技术两部分。前者是全书的纲，后者是实现纲领的技术措施。所以在书中人们可以看到开垦、水利、荒政等等一些不同寻常的内容，并且占了将近一半的篇幅，这是其他的大型农书所鲜见的。《农政全书》是我国农业科学技术史上最重要的著作之一，它和《本草纲目》《徐霞客游记》《天工开物》

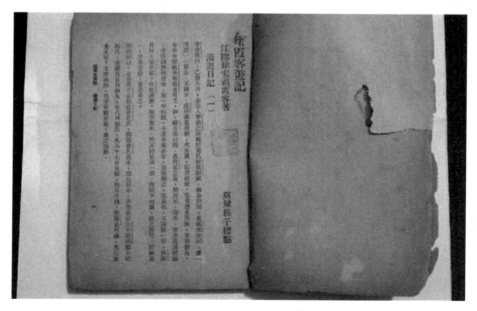

《徐霞客游记》

一起，被称为明朝科学技术方面的四大奇书。

◆《农政全书》的内容精要

《农政全书》共60卷，50多万字，内容非常详尽。全书共分为12个部分：

第一部分"农本"，在全书中起到了突出指导思想的作用。内容有《经史典故》《诸家杂论》《国朝重农考》。这一部分包括了第一卷至第三卷。

第二部分"田制"，主要记述的是农田制度。内容有《玄扈先生井田考》和《田制篇》，包括第四和第五两卷。

第三部分"农事"，主要介绍了土地屯垦、农事季节和天气等方面的经验及知识。内容较为详细和全面，因此占用了第六至第十一卷共六卷的篇幅，其中包括了《营治》《开垦》《授时》以及《占候》。

第四部分是"水利"，主要叙述了农田水利方面的问题。徐光启非常重视水利建设对农业发展的影响，因此在第十二至第二十卷九卷当中，专门叙述了与兴修水利有关的许多问题。内容分为《总论》《西北水利》《东南水利》（三篇）、《水利策》《水利疏》《灌溉图谱》《利用图谱》《泰西水法》（上、下两篇）。

第五部分"农器"，记述的是农业生产及加工过程中所使用的器具，主要内容直接来自源于王祯的《农书·农器图谱》。这一部分包括了四卷（第二十一卷至第二十四卷）。

第六部分"树艺"，记述了各种农作物以及果树的栽培和管理技术，分为《谷部》（上、下）、《瓜部》《蔬部》《果部》（上、下）四类，在书中一共占有六卷

（第二十五卷至第三十卷）。

第七部分为"蚕桑"，集中记述了栽植桑树和养蚕的经验和技术，并以图谱的形式形象地介绍了采桑、抽丝以及纺织所用的工具。分为《养蚕法》《栽桑法》《蚕事图谱》《桑事图谱》《织维图谱》。这一部分共包括四卷（第三十一卷至第三十四卷）。

第八部分"蚕桑广类"，主要记述了纺织用的棉、麻、葛等纤维作物的栽培，是与"蚕桑"并列而论的部分，分为《木棉》和《麻》两类，共为两卷。

第九部分"种植"，主要介绍了经济林木、特用作物以及药用作物的栽培及管理方法。包括了《种法》《木部》《杂种》（上、下），这一部分共为四卷。

第十部分"牧养"，顾名思义，记述的是畜牧和水产方面的技术，内容还涉及到医学知识，仅有一卷。

第十一部分是"制造"，主要

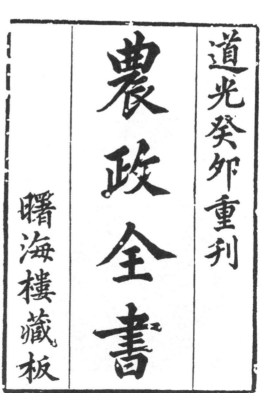

《农政全书》

记述的是农产品加工、土木及日常生活知识等方面的内容。分为《食物》和《营室》两类，也只有一卷。

第十二部分"荒政"也是最后一部分，其中辑录了贮粮备荒的文献及史料，包括《备荒总论》《野菜谱》以及附在后面的《救荒本草》《野菜谱》。

农业百花园

涂光启与利玛窦

利玛窦

16、17世纪，欧洲的科学技术进步很快，有了很多发现、发明、创造，一些传教士就带着这些成果来中国传播。可那时封建王朝以为天下就自己最先进、最强大，所以根本看不起那些新科学、新技术，只有少数科学家注意向外国人学习，徐光启就是这样一位科学家。

徐光启本来是上海人，后来去南京参加科举考试的时候认识了意大利传教士利玛窦，利玛窦教了他好多科学知识，他俩慢慢也成了好朋友。

1604年，徐光启来北京考中了进士，在翰林院做了官。这时利玛窦也到了北京，并且又介绍徐光启认识了几位传教士，然后他们就开始教徐光启英语、意大利语，给他讲天文、数学、测量、武器制造的知识。

有一次，利玛窦告诉徐光启，西方有一本著名的数学著作，叫《几何原本》，是一本非常重要的书，但是要翻译成中文非常困难。徐光启听了特别感兴趣，他说："既然是好书，在您的指教下，不管有多难，我也要把它翻译过来！"后来，徐光启凭着一股钻劲儿，花了整整一年时间，真的把书翻译过来了。这是中国历史上第一部西方教科书的译本，也是中西科学交流史上的一件大事。

在这之后，徐光启又与别的传教士合作，陆续翻译了《测量法义》《测量异同》《泰西水法》等著作。

徐光启与利玛窦

◆ 徐光启的农政思想

《农政全书》基本上囊括了古代农业生产和人民生活的各个方面，而其中又贯穿着一个基本思想，即徐光启的治国治民的"农政"思想。贯彻这一思想正是《农政全书》不同于其他大型农书的特色之所在，《农政全书》中农政思想约占全书一半以上的篇幅。徐光启的农政思想主要表现在以下几个方面：

（1）用垦荒和开发水利的方法来力图发展北方的农业生产

我国自魏晋以来，全国的政治中心常在北方，而粮食的供给、农业的中心又常在南方，每年需耗资亿万元来进行漕运，实现南粮北调。时至明末，漕运已成为政府财

水利工程

政较大的隐患之一。徐光启主张发展北方农业生产来解决这一问题(垦荒、水利、移民等)。与此同时，在《农政全书》中，徐光启也用了四卷的篇幅来讲述东南(尤指太湖)地区的水利、淤淀和湖垦。此外，他还对棉花在东南地区的种植、推广进行了不少研究。

（2）备荒、救荒等荒政，是徐光启农政思想的又一重要内容

他提出了"预弭为上，有备为中，赈济为下"的以预防为主(即指"浚河筑堤、宽民力、祛民害")的方针。

◆ **农学成就**

徐光启是一位博学多才的科学家。他从事的科学研究有数学、天文、历法、兵器等，他还翻译引进了国外的科学技术。在这些领域中他都有著述和

贡献，并且都达到了一定的水平。他研究的各种科学，都是直接或间接地为农学服务的。其巨著《农政全书》，是继《齐民要术》之后我国一部宝贵的农学遗产，驰名中

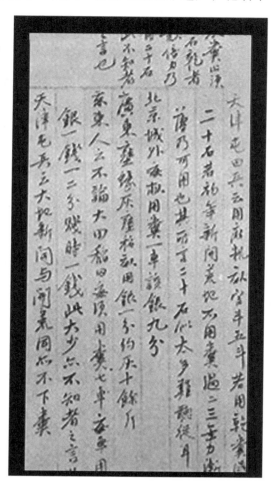

《农政全书》手稿

外，被誉为我国古代农业的百科全书。徐光启毕生用力最勤、影响最广的是在农业方面，其中最重要的著作是《农政全书》，在农学遗产方面也极负盛名。在《农政全书》中，不仅体现了徐光启的农政思想，还涉及农业技术和治学态度等方面。

《农政全书》反映了徐光启的重农思想，作者推崇的重农思想不仅在于促进农业发展，而且更具备了维持社会稳定的积极意义。古代统治者治理国家无不遵循以农为本的思想。农业即本业，徐光启认为"富国必以本业"，这也是他编著此书的根本的指导思想。他的这种理论集中体现在"农本"中，农本因此也被列为全书之首。在"农本"中，徐光启以农业对于整个国家及社会的重要意义为出发点，大量引用了诸子百家的言论，从理论上阐述他的重农思想。作者引用了

管子的话："人民没有食物必然会去务农，人民从事农业生产了，那么土地便得到了开垦，土地被开垦粮食自然多了起来，粮食多了国家便会变得富庶。"

书中尤其强调了明朝各代皇帝的重农事迹，从而进一步以事实有力地论证了重视农业的重要性，其目的在于呼吁统治阶级重视农业生产及农业生产者。

徐光启在农业方面的成就主要有：

（1）破除了中国古代农学中的"唯风土论"思想

"风"指的气候条件，"土"指土壤等地理条件，"唯风土论"主张：作物是否宜于在某地种植，一切决定于风土，而且一经判定则永世不变。徐光启举出不少例证，说明通过试验可以使过去被判为不适宜的作物得到推广种植。徐光启的有风土论但不唯风土论的思想，

推进了农业技术的发展。

（2）进一步提高了南方的旱作技术，例如种麦避水湿、蚕豆轮作等增产技术

徐光启指出了棉、豆、油菜等旱作技术的改进意见，特别是对长江三角洲地区棉田耕作管理技术，提出了"精拣核(选种)、早下种、深根短干、稀稞肥壅"的十四字诀。

（3）推广甘薯种植，总结栽培经验

徐光启非常重视甘薯这一外来农作物，提倡人们大量种植甘薯，用来备荒。现在，我国已成为世界上甘薯最多的国家。

（4）总结蝗虫虫灾的发生规律和治蝗的方法

《农政全书》体现了徐光启科学求实的态度和严谨治学的精神。

甘薯种植

例如在编写《除蝗疏》一节时，徐光启查阅了大量文献资料，统计了我国历史上自春秋以来历次蝗灾发生的时间和地点，同时他又以游历宁夏、陕西、浙江等地的时候所见蝗虫灾害的情形作为印证，指出蝗虫多发生在湖水涨落幅度很大的干涸沼泽，蝗灾时间多集中在每年五、六、七三个月。徐光启还研究了蝗虫的生活史，最后总结出治蝗的经验，提出从消灭虫卵入手的治本办法，这些合乎科学道理的观点和结论，否定了历代统治阶级把蝗灾说成是上天降罪的迷信说法。再如书中记载的用于荒年果腹应急的植物中，经徐光启亲口尝过的就有六十多种。正是因为有了这种注重实践的科学态度，《农政全书》才得以成为一部符合科学理论和实际的杰出著作，徐光启也因此成为我国历史上名垂千古的农学家。

徐光启

当代农业教育家沈学年

我国农业教育家沈学年，是耕作学创始人之一。他是最早来国立西北农林专科学校的任教者，是西北农林科技大学农艺学系的早期创建者之一。沈学年长期致力于高等农业教育和作物科研事业，为作物育种和建立发展我国的耕作学领域做出了贡献。他长期致力于高等农业教育和作物科研事业，早期开展水稻抗虫、小麦抗病育种，系选或

水稻病害

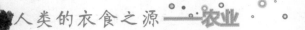

鉴定出抗螟水稻和"蚂蚱麦""碧玉麦"等优良品种；20世纪50年代以来讲授作物学，主编《耕作学》（南方本），对建立和发展我国耕作学做出了卓越的贡献。

◆ 生平简介

沈学年，字宗易，1906年9月14日出生于浙江省余姚市肖东乡沈湾村的一个耕读世家。祖父、伯父、父亲均以教书为业，兼事农耕。母亲是农家妇女，兄弟6人中有4人从事农业，我国著名的农业科学家沈宗瀚即是其四哥。童年时代，他经常与三哥下田劳动，一同割草、放牛，深知农民疾苦，并立志要为发展农业生产、造福农村出力。

1922年7月，沈学年考入南京江苏第一农业学校。1926年毕业后升入南京东南大学农科，1928年转入南京金陵大学农学院农艺系，1930年毕业后任浙江省稻麦改进所技士

及浙江上虞五夫稻麦育种场技士兼主任。1932年到南京中央大学农学院任助教。1933年受聘于金陵大学任讲师。1934年7月，去美国康奈尔大学研究院学习，获硕士学位。1935年10月回国，即应聘来国立西北农林专科学校（后改组为西北农学院）任农艺组技师兼副教授。1940—1945年任国立西北农学院教授兼农艺系主任，同时还兼任教学试验农场主任至1947年。此后任浙

出穗水稻

江大学农学院（后改建为浙江农业大学）教授，曾当选为第三、第五届全国人大代表，第二至第六届浙江省人大代表、民盟浙江省委第一至四届委员。直至1989年退休。他为我国农业教育与科学研究事业奋斗了半个多世纪。2002年3月4日沈学年教授因病去世，3月4日浙江大学在华家池校区缅怀这位为我国的农村发展、农业进步和农民富裕作出杰出贡献的著名学者。

◆ **农学家沈学年主要论著**

（1）沈学年．水稻多雌蕊性的研究．中华农学会报，1934

（2）沈学年．作物抗虫育种．硕士论文，1935

（3）沈学年．作物育种学泛论．杭州：当代出版社，1947

（4）沈学年．水稻．北京：科学出版社，1953

（5）沈学年．作物的生活．杭州：浙江人民出版社，1954

（6）沈学年．以防治倒伏为中心的旱稻田间管理．中国农报，1959

（7）沈学年主编．作物栽培学．上海：上海科技出版社，1961．

（8）沈学年主编．作物栽培学（南方本）．上海：科学技术出版社，1981

（9）沈学年等．实用水稻栽培学稻作生理障碍诊断．上海：科学技术出版社，1981

（10）浙江农业大学沈学年主编．耕作学（南方本）上海：科学技术出版社，1984

◆ **农学贡献**

沈学年是我国耕作学科创始人之一。中华人民共和国成立后，沈学年一直从事稻田耕作制度的研究。为了继承和发扬我国历代劳动人民和农学家创造积累的有关耕作制度方面的宝贵遗产，他结合学习苏联的农业科学技术，在自己的教学和科学实践中，逐步形成具有中国特色的耕作学课程。1952年，沈学年开始致力于耕作方面的研究。1956年他已年过半百，依然兴致勃勃地奔赴新疆参加由苏联专家果列洛夫主讲的耕作学讲习班。学习期间，他被来自全国各地的耕作学教师推荐为班长。他边学习，边组织大家提供各地的耕作栽培情况，编写了适合我国国情的《耕作学》书稿。这本教材浸透了他多年的心血和汗水，初步整理了我国历代有关农学的遗产和总结了国内不同地区耕作制度的特点，具有很高的实用性，为我国耕作学科的建立打下初步基础。

1980年，中国耕作制度研究会在北京召开成立大会。这是中国耕作学界的一次盛会，会议一致推举沈学年为名誉理事长。1982年，他与姜秉权在浙江农业大学主持召开了第二次耕作学研讨会，确定了《耕作学》教材的体系大纲。在会上，他明确提出耕作学的性质、任务、研究对象以及与其他学科的关系，为20世纪80年代耕作学的编写奠定了坚实的基础。这次会议后，沈学年接受委托再次主编《耕作学》（南方本）。这本教材从"用地养地相结合"的原则出发，以作物种植制度、地力养护制度和各地区耕作制度区划与特点为基本内容加以阐述，并注意体现我国南方多熟种植的特点。沈学年认为，耕作学是一门综合性很强的学科。他所研究的不仅是一种作物、一块农田、一季高产问题，而且是一个地区或一个生产单位、所有农田、所有作物的季季高产、年年高产问题。为使农业生产达到全面、持续的稳定高产，必须做到良田、良制、良种、良法、良物（物资投入）"五良"配套，缺一不可。他强调，建立科学的耕作制度要充分发挥天、地、人、物的作用，做到天尽其时、地尽其利、人尽其才、物尽其用。为探索"五良"和"四尽"的耕作制度，沈学年辛勤耕耘了近40个春秋。

沈学年教授从事农业教育和科学研究半个多世纪，主讲过遗传学、作物栽培学、耕作学、水稻生理生态等多门课程。1959年至1988年间，沈学年教授指导培养了硕士研究生20余人，曾担任《中国大百科全书》农业卷农艺篇副主编，《农业资源利用及农业区划》和《农业生态系统管理》主审。沈学年教授在我国作物学界和耕作学界享有很高的声誉和威望。

沈学年教授从教70年来，桃李满天下。不仅教学、科研成果卓著，而且思想品德高尚，他把毕生精力都奉献给了农业科学和教学事业。

 农业百花园

我国农学家王毓瑚

王毓瑚，字连伯，河北省高阳县人。生于1907年4月16日，卒于1980年11月27日，享年73岁。我国农业史学家、经济史学家、农业教育家、农书目录专家。

1925年，王毓瑚赴欧洲寻求知识，先在德国波茨坦市立高级中学就读，随后进入慕尼黑工业大学主攻经济学。1929年，转入法国巴黎大学经济系。1933年，取得经济学、统计学和新闻学三科毕业证书。回国后，历任河北省立法商学院经济系讲师、国立西北农林专科学校经济系讲师、国立编译馆编审、国立复旦大学经济系教授等职。1946年，被聘为国立北京大学农学院农业经济学系教授。1949年9月，出任北京农业大学农业经济学系教授。1952年至1980年，兼任北京农业大学图书馆馆长。由于他在我国古农书整理和农业史研究方面做了

王毓瑚

大量工作，因而他曾被选为我国农业经济学会常务理事和中国科学技术史学会名誉理事。

"当代神农氏" 袁隆平

从盘古开天辟地、人类诞生的那一刻起，摆脱饥饿、奋力生存便成了人类的主题。滚滚历史长河中的历朝历代，各君各王，虽在不同王国却拥有着同一个亘古不变的梦想——解决粮食问题。民以食为天，人类从未停止过对饥饿的抗争，从未停歇过对粮食的渴望。面对严峻的现实，世界陷入了粮食恐慌，人们连连发问：谁来养活中国，谁来养活世界？20世纪70年代，中国通过对杂交水稻的成功研

究，最终将水稻亩产从300公斤提高到了800公斤，并推广2.3亿多亩，增产200多亿公斤。这些事迹都归功于"当代神农氏"袁隆平。他是我国当代杰出的农业科学家，他的杂交水稻解决了中国人的吃饭问题，保障了国家粮食安全。他被中国人尊为"米神""当代神农氏"，被外国人誉为"杂交水稻之父"。

袁隆平

◆ 生平简介

袁隆平，1930年9月1日生于北京，汉族，籍贯江西省九江市德安县，现居湖南长沙。我国杂交水稻育种专家，中国工程院院士。1953年毕业于西南农学院。1964年开始研究杂交水稻，1973年实现三系配套，1974年育成第一个杂交水稻强优组合南优2号，1975年研制成功杂交水稻制种技术，从而为大面积推广杂交水稻奠定了基础，1985年提出杂交水稻育种的战略设想，为杂交水稻的进一步发展指明了方向，1987年任863计划两系杂交稻专题的责任专家，1995年研制成功两系杂交水稻，1997年提出超级杂交稻育种技术路线，2000年实现了农业部制定的中国超级稻育种的第一期目标，2004年提前一年实现了超级稻第二期目标。现任中国国家杂交水稻工作技术中心主任、暨湖南杂交水稻研究中心主任、湖南农业大学教授、中国农业大学客座教授、联合国粮农组织首席顾问、世界华人健康饮食协会荣誉主席、湖南省科协副主席和湖南省政协副主席。2006年4月当选美国科学院外籍院士，被誉为"杂交水稻之父"。1995年当选为中国工程院院士。先后获得"国家特等发明奖""首届最高科学技术奖"等多项国内奖项和联合国"科学奖""沃尔夫奖""世界粮食奖"等11项国际大奖。

袁隆平

◆ **建国以来贡献最大的农学家——袁隆平**

袁隆平院士是世界著名的杂交水稻专家，是我国杂交水稻研究领域的开创者和带头人，为我国粮食生产和农业科学的发展做出了杰出贡献，他的伟大贡献主要表现在四个方面：

（1）袁隆平不仅是杂交水稻事业的开创者，而且始终是这一研究领域的"领头雁"。四十多年来，杂交水稻研究的每一发展阶段、每一项重大创新，都离不开他所起到的关键作用，都体现了他非凡的经验智慧与学术思想。

1964年，他冲破当时流行的遗传学观点的束缚，率先在我国开展三系法培育杂交水稻的研究。20世纪70年代，他解决了三系法杂交稻研究中三系配套、优势组合选配和制种低产三大难题。20世纪80年代至90年代中期，他提出了杂交水稻的育种发展战略，并解决了两系法中的一些关键技术难题。

20世纪90年代中期以后，他设计出了以高冠层、矮穗层和中大穗为特征的超高产株型模式和培育超级杂交稻的技术路线，并在超级杂交稻研究方面频频取得重大进展。1982年，国际水稻研究所学术会首次公认：中国科学家袁隆平为世界"杂交水稻之父"。在科研实践的同时，袁隆平还不断进行经验总结和理论升华。

从1966年发表我国杂交水稻研究的第一篇论文"水稻的雄性不孕性"以来，他先后发表论文60多篇，其中在国外发表12篇，出版专著7部。袁隆平作为学术带头人，培养了一大批杂交水稻专家和技术骨干，在杂交水稻的研究和发展中建

袁隆平

杂交水稻

立和完善了一整套理论和应用技术体系，从而创建了一门系统的新兴学科——杂交水稻学。

（2）袁隆平的杂交水稻研究解决了中国人的吃饭问题，保障了国家粮食安全。有人曾经风趣地说，中国农民吃饭靠"两平"，一是靠邓小平的责任制；二是靠袁隆平的杂交水稻。从1976年开始，"三系"杂交稻在全国大面积推广，比常规稻平均增产20％左右，为解决我国粮食问题做出了历史性的贡献。

2000年，第一期超级杂交稻研究目标顺利通过了国家农业部组织的验收，原国务委员、国家科委原主任宋健院士赞扬说："这一成果对保障21世纪我国粮食安全具有重要意义。"随后，袁隆平又提前实现了第二期超级杂交稻研究目标，它比一般杂交稻增产约30%。

据统计，到2006年止，我国累计推广种植杂交水稻56亿多亩，增加稻谷5200多亿公斤。近年来，全国杂交水稻年种植面积约2.4亿亩左右，年增产的稻谷可以养活7000多万人口。这是对20世纪90年代美国经济学家布朗提出的"未来谁来养活中国"的有力回答。

（3）袁隆平把发展杂交水稻、造福世界人民作为他毕生最大的追求，为推动杂交水稻的国际发展、促进我国对外交往做出了巨大贡献。1980年，杂交水稻作为我国出口的第一项农业专利技术转让给美国，引起了国际社会的广泛关注。

20世纪90年代初，联合国粮农组织将推广杂交水稻列为解决发展中国家粮食短缺问题的战略措施。多年来，袁隆平7次赴国际水稻所开展合作研究，还被联合国粮农组织聘为该组织国际首席顾问，十几次赴印度、越南、缅甸、孟加拉等国指导发展杂交水稻。同时，他还在国内主持举办了20多期杂交水稻国际培训班，为30多个国家培训了近500名技术人才。这些专家回到本国后都成为当地研究和推广杂交水稻的技术骨干。

目前，越南、印度、菲律宾已成为大面积生产应用杂交水稻的国家，杂交水稻的增产效果也十分显著。如越南，2004年种植杂交水稻面积已达65万公顷，每公顷6.3吨，比其全国平均水稻单产增产40%。如菲律宾，2005年种植杂交水稻面积达37万公顷，平均每公顷6.5吨，比其全国水稻平均单产高80%，使菲律宾粮食短缺的局面大为改观。到2007年，菲律宾政府发展杂交水稻300万公顷，实现了粮食自给。

由于各方面条件已经成熟，

2005年7月，袁隆平提出了"杂交水稻外交"的建议，即积极在发展中国家推广杂交水稻，扩大中国的影响，以此进一步促进双边关系的发展。这一建议得到了国家领导人和有关部门的高度重视，"杂交水稻外交"将成为我国"走出去"战略的一项重要内容。2005年10月，袁隆平在外交部第四期大使参赞学习班上做报告，我国驻80多个国家的大使、总领事和参赞听取了报告。

（4）袁隆平培养了大批杂交水稻研究和推广人才。四十多年来，在他的亲自培养、直接教导和间接影响下，不论是在他的研究中心，还是在全国杂交水稻技术攻关协作单位，已经形成了一支梯队结合、协同作战的杂交水稻技术队伍，肩负着将杂交水稻向纵深发展的重任。

在国家杂交水稻工程技术研究中心，多年来袁隆平总是把与美国水稻技术公司合作所得到的顾问费捐献出来作为所长基金，累计捐资

袁隆平

达100多万元，资助科研人员特别是年轻人开展有希望和潜力的项目研究。每年几乎都有几个课题获得2～5万元的资助。

袁隆平院士不仅思想开明，而且意识超前，他深知未来的农业科技仅靠常规技术必将落伍，而必须与现代生物技术结合起来，甚至深入到分子技术领域，才可能占领科技发展的前沿阵地。为此，他主张建立起分子育种室，并不遗余力地加强对人才的引进和培养。现在，他的研究中心的人才队伍已形成高水准的梯形结构，高级研究人员超过30名，占科研人员总数的一半。同时，研究中心还相继培养出一批硕士、博士研究生，为大大提高科研水平准备了后备人才；他还先后输送了多名年轻科技人员出国或到香港深造。目前，留学博士们都做

袁隆平

出了突出的成绩。1995年，他们首次在野生稻中发现了两个重要的数量性状基因位点，每一个基因位点具有比现有高产杂交稻威优64增产18%的效应。

农业百花园

2004年度感动中国人物袁隆平的颁奖词

袁隆平：他是一位真正的耕耘者。当他还是一个乡村教师的时候，已经具有颠覆世界权威的胆识；当他名满天下的时候，却仍然只是专注于田畴，淡泊名利，一介农夫，播撒智慧，收获富足。他毕生的梦想，就是让所有的人远离饥饿。"喜看稻菽千重浪，最是风流袁隆平。"

赏析：全词紧扣"耕耘者"来构思立意，不罗列他"中国工程院院士""著名杂交水稻专家""国家科学技术奖获得者""中国第一个国家特等发明奖获得者""国际上11次捧回大奖"等头衔，只说他成名前的胆识，尤其强调他淡泊名利的境界。"淡泊名利，一介农夫，播撒智慧，收获富足"四个四

袁隆平

字短句整齐排列，一气呵成，酣畅淋漓，有赞美的情意，有含蓄的意蕴，"农夫""播撒""收获"三词既与袁隆平杂交水稻专家身份相符，又在开头"耕耘者"的统摄之下。结尾"喜看稻菽千重浪"和"最是风流"分别直接和间接引用毛泽东的诗句，诗意地表达了对袁隆平的由衷赞美。

◆ 所获荣誉

袁隆平院士是世界著名的杂交水稻专家，也是我国杂交水稻研究领域的开创者和带头人，为我国粮食生产和农业科学的发展做出了杰出贡献。他所获得的荣誉有：

（1）1979年获全国劳动模范称号。

（2）1981年获新中国建国以来第一个国家特等发明奖。

（3）1985年获联合国世界知识产权组织"杰出发明家"金质奖章。

（4）1987年获联合国教科文组织颁发的"科学奖"。

（5）1988年获英国朗克基金会"朗克基金奖"。

（6）1993获得美国菲因斯特拯救饥饿奖。

（7）1995年被选为中国工程院院士，获联合国粮农组织颁发的"粮食安全保障荣誉奖章"。

（8）1996获首届"日经亚洲技术开发大奖"。

（9）1997年在墨西哥获"先驱科学家"荣誉称号。

（10）1998年获"日本越光国际水稻奖"。

此外，1999年经国际小天体命名委员会批准，中国科学院北京天文台施密特CCD小行星项目组发现的一颗小行星为被命名为"袁隆平星"。2000年5月31日，以袁隆平名字命名的袁隆平农业高科技股份有

袁隆平所获荣誉

限公司股票"隆平高科"在深交所上网定价发行。这是中国证券市场首次以科学家名字命名的上市公司和股票。2000年8月，以袁隆平名字命名的高等院校"袁隆平科技学院"在湖南成立，袁隆平出任名誉院长。这是中国首家以科学家姓名命名的高等院校。

古罗马农学家加图

加图是古代罗马共和时代的一位声名显赫的人物。他不仅是一位以保守派著称的刚强有力的政治家，还是一位极富辩才、谈吐幽默的演说家，博学多闻的历史家，拉丁文学的奠基人，而尤其是一位亲身从事农业管理的农学家。他所著的《农业志》，是罗马历史上第一部农书，也是幸存于世的加图著作中最完整的一部。

◆ 生平简介

加图（公元前234—前149年）是罗马早期的政治家、农学家、散文家。一生博学多才，著述甚多，涉猎农学、修辞学、医学、军事、法律等方面，这与他的经历有关。他出生于图斯库鲁姆城的一个富裕农民之家，参加过第二次布匿战争。由于擅长演说和精通法律事务，得到贵族卢西乌斯·瓦勒留·弗拉库斯的赏识，后者帮助他进入罗马政界。大加图先后担任过财务官、营造官和撒丁行政长官。后来逐渐成为贵族保守派的代表，并在公元前195年任执政官，曾率兵

迦太基遗迹

镇压了西班牙发生的一次暴动，建立了"近西班牙"行省。公元前191年，大加图在抗击塞琉西国王安条克三世时战功卓著。此后，他又对卢西乌斯·西庇阿和大西庇阿·阿非利加努斯发动攻击，打破了他们的政治垄断权势。公元前184年，大加图当选为监察官，在任职期间他执法严谨、重农业，组织人开挖沟渠，对财政进行了改革，对社会风气进行了整顿，还提倡节制生活。公元前175年奉命出使迦太基，对迦太基了解较深，后来力主毁灭迦太基，以杜绝死灰复燃的后顾之忧，这些丰富的阅历和实践是他博学的基础。

他的经历，他的博学、使他成为拉丁散文文学的鼻祖。加图还编了一部百科全书，一部供自己儿子阅读的《格言集》。他生前至少发表了150篇演说，其中80篇留有一些片断。此外还有论医学、司法和军事的著作。加图的代表作有《创始记》7卷（是记叙早期罗马到公元149年中所发生重大事件的史书）和《农业志》（研究罗马共和国时期奴隶制庄园经济的重要资料）。在农学方面，尤以《农业志》最为重要。

◆ 农学著作及贡献

古代罗马共和时代的农学家加图的《农业志》，是古罗马留给后世的完整的农业著作，作为研究古代西方农业经济的第一手资料，这部农书弥足珍贵。加图本人是一个非常富有的大地产者，所以《农业志》是一本论述奴隶制大庄园经济的著作，他在书中总结了经营奴隶制庄园的许多经验，还描述了奴隶的生活状况。《农业志》中还介绍和总结了关于作物栽培特别是橄榄栽培的许多新鲜经验。

《农业志》比较具体而集中地反映了公元前二世纪意大利农业经济特别是中等规模的园艺经济的特点，使我们对古代奴隶制农业能够有一个明确的印象和概念。

《农业志》吸取了当时先进的农业经验，又系统地总结了自身的实践经验，整理和推广了先进的农业技术，对当时和后世的农业进步都起了积极的作用。值得注意的是，《农业志》是针对意大利农业的实际状况和需要而写的。《农业志》着墨最多的是橄榄种植业，而葡萄园和谷田则居其次，这是因为当时橄榄种植是新兴行业。在此之前，意大利的橄榄主要靠自生自长，几乎无"园"无"艺"（技术），而只是作为一种副业存在。但公元二世纪时情况大变，剥削阶级财富的增多和外来生活方式的影响使市场对橄榄油的需求量大为增加。为了满足市场上日益增长的需求，必须改变陈规陋习，在橄榄种植上推广先进的栽培技术和管理经验。正是适应这一需要，《农业志》才详尽地记述了橄榄的育苗、插枝、施肥、采集、榨油等一系列技艺，几乎是一部完整的橄榄园艺大全。为了提高产量，还一再强调施肥的重要性，并做了栽培插枝的详尽的技术指导。在谷田方面，加

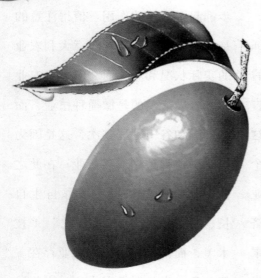

橄榄

图也再三强调精耕细作和施肥，而

摒弃那些不切实际的陈旧经验。

《农业志》不仅论及农业，还涉及罗马人的建筑技术、手工业技术、医疗技术、宗教信仰、生活习俗等各个方面。特别是详细论及庄园的管理组织、阶级机构、剥削关系、奴隶主阶级的思想面貌与生活状况、奴隶阶级的处境与待遇等，从而为我们研究公元前二世纪的罗马和意大利的社会史提供了宝贵的资料。

农业百花园

加图的政治活动

加图于公元前204年当选为财务官，从而正式进入了罗马的晋升体系。由于加图的祖先没有担任过什么重要的公职，因此他被当作一个新人。加图参政后自然站到了保守派一边，他在任内与费边一同发起反对大西庇阿的运动。当时大西庇阿正准备从西西里出发进军位于非洲的迦太基本土，费边和其他一些元老则大力反对他的计划。加图被派去协助西庇阿向非洲运兵，但他认为西庇阿的军队严重挥霍财政开支，怒而返回罗马，并与费边一起向元老院指控西庇阿过于慷慨地用金钱赏赐士兵。这一指控没有产生任何效果，不过却大大提高了加图的声望。接下来，他于前199年任平民营造官。前198年加图担任裁判官，被元老院外派到撒丁尼亚行省。加图上任后开始实践自己的政治信条，他削减政府开支并驱逐了撒丁岛的高利贷者，这些旨在遏制铺张浪费和剥削的政策进一步提高了他在民众中的威望。公元前195年，加图当选为执政官，与他的提携者弗拉库斯共职。他在执政官任上的最大功绩是镇压了西班牙各部落的反叛。西班牙是大西庇阿征服的，此前控制这一地区的是罗马的强敌迦太基。加图率军前往西班牙平叛，很快就使当地部落全部臣服。根据李维的记述，加图是软硬兼施，对于不顺从者即毫不留情地加以屠杀。据说，"以战养战"的名言就是加图在这次战争中说出来的。由于这次战争的胜利，元老院授予加图一次凯旋式。

古罗马农学家瓦罗

瓦罗是古罗马的政治家和学者，他虽从政多年担任过高级官职，但主要以学者见称。他博学多闻，在语言、历史、文艺、农业和数学方面做了广泛的研究，著作甚多，是古罗马著名的语言学家和农学家，在农业著述上为我们留下了《论农业》这份宝贵的遗产，该书旁征博引，涉及到当时社会的各个方面，是对公元前1世纪中叶社会状况的概括，因而在历史上有非常重要的地位。这本书的存在，捍卫了瓦罗作为古罗马杰出学者的地位。

◆ **生平简介**

瓦罗（公元前116—前27年）是罗马时代的政治家、著名学者，出生于萨宾地区的一个小乡村，曾任大法官。先追随庞贝，代替庞贝管理远西班牙行省，在恺撒征服远西班牙行省后跟随恺撒。公元前49年作为庞培党人参加了西班牙战争。公元前47年奉命建造第一个国家图书馆。那时私人图书馆较多，书籍则由奴隶抄写，恺撒大量收集希腊的拉丁文著作，为普通公民使用，并让瓦罗负责收集、整理、分类。公元前43年被安东尼剥夺公民权，但未被判处死刑。公元前30年内战结束，他获释后致力于学术研究。他是罗马最博学的人之一，精通语言学、历史学、诗歌、农学、数学等，78岁时已写出了490多篇论文

和专著。他力图掌握全部希腊文化并用罗马的精神加以改造。著作现存极少。如重要的《论拉丁语》25卷，今仅存残缺的第5、第10卷，是研究早期罗马历史的宝贵史料。

◆ **代表作品及个人成就**

瓦罗著书颇丰，研究领域甚广，涉及农业、畜牧、植物、医学、动物疾病、天文学、地图学和语言学等多方面。他的《论农业》一书是西方极为珍贵的古典农业文献之一，该书总结了古罗马人从事农业和畜牧业的技术经验与经营管理思想方法。该书约写于公元前37年，是瓦罗在80岁时为其妻凤达尼娅写的，全书共分3卷。第一卷讲农业本身，包括农业的目的、范围和分科，并对农业结构、土地质量、生产工具的使用等方面进行了详细论述，对葡萄、胡桃、无花果、橄榄等干鲜果品的栽培管理，谷物、

豆类等作物的播种、管理、收获，多种农作物的贮藏及加工出售等作了详尽描述；第二卷论述牛、羊、猪、马等牲畜的起源、饲养管理、使用方法，以及用于农业生产的各种牲畜的形态及效力的年龄；第三卷论述家禽及各种小动物的饲养，如对画眉、孔雀、母鸡、兔、鱼、蜜蜂等，以及对各类鸟舍的结构到鸟的饮食习惯、繁殖等都作了概述。

《论农业》集中反映了公元前1世纪中叶罗马的农业状况，书中对中等庄园经营的一系列变化作了详细介绍：如生产技术有所进步，开始深耕细作，土地逐渐被充分利用起来，而且开始注意地貌的美观；开始使用农药，掌握了合理施肥的技术；罗马本土已从埃及、小亚细亚等地引进了新的粮食和牲畜品种；庄园已广泛向农业、林业、渔业、畜牧业、手工业、副业等多种门类的综合经营方向发展，逐渐形成以庄园为基本单位的自足自给型经济；畜牧业和手工业因独立成专门的部门，地位和意义明显加重；管理机构也逐渐趋于完善；庄园因不断扩大，综合经营取长补短而使收入显著增加等。

《论农业》是瓦罗根据自己、前人以及同代人的许多实践经验写成的，因此对许多问题的看法带有概括性和总结性的色彩。如农业研究的四方面内容，即土质结构、庄园设备、农活安排、农时安排；还提出田庄购置和建设的四个要点（外貌、土质、规模、田界保护）以及庄园环境的四个条件（安宁与否，有无贸易对象，有无便利交通的道路和河流、毗邻庄园对已的利与害）等。《论农业》与瓦罗的其他著作一样，表现出他博学的特点。书中穿插许多对历史和地理等方面问题的论述。例如，他在论及

农 耕

农业与畜牧业的关系时说"古时，营游牧生活，不知耕耘，亦不知种植、伐木，其后，始知耕耘土地。初时，农业为牧业之辅。"瓦罗在《论农业》中完整地记载了畜牧业经营管理的经验和方法，为后世的畜牧业实践提供了可借鉴的宝贵经验，其中有不少方法至今仍有它的实践价值和理论研究价值。他还明确地把社会经济发展史分成三个阶段。

第一阶段：大地与自然界向人们提供生活资料，人们以采集天然物为生；第二阶段：游牧、驯养野生动物，获得畜产品；第三阶段：农耕。这种看法表现了瓦罗的朴素唯物主义历史观。

 农业百花园

瓦 罗

马尔库斯·特连提乌斯·瓦罗（约公元前116—前27年），生在意大利萨宾地区列阿特镇的一个骑士之家。早在青年时期，他便对历史和文学产生了兴趣，曾随从罗马第一位语言学家鲁基乌斯·埃利乌斯·斯提洛学习语言和历史，后来又到雅典向柏拉图的弟子安提奥霍所学习哲学。

瓦罗生于公元前2世纪末至1世纪末的内战时代，不仅亲眼目睹了公元前1世纪一连串令人眼花缭乱的政治事件，而且本身就在激烈的政治旋涡中颠簸浮沉。瓦罗在党争中属于庞培派。公元前49年内战前，他担任过保民官、市政官、神庙监督、行政长官、财务官、海军将领、西班牙驻军长官等高级公职。

公元前76年，瓦罗任庞培的财务官，与庞培协力镇压塞尔托里乌斯起义，是庞培的得力部将。公元前67年，他参与围剿海盗的战斗，因作战英勇而获得海军花冠的奖赏。至此时，他的政治生涯还算一帆风顺。但是，公元前49年，内战风云突起。恺撒出兵神速，1月起兵，4月即进军西班牙，希伯鲁斯河北岸五大部落不战而降。当时瓦罗正在西班牙任驻军长官。他率领庞培的两个军团急赴加德斯城企图抵抗恺撒，但一个军团临阵逃出加德斯城自愿归顺恺撒。瓦罗见大势已去，不得已而逃到希腊追随庞培。不久，法萨卢一战庞培一败涂地。瓦罗终于弃庞培而返回罗马投降恺撒。恺撒爱才敬贤，立即宽恕了瓦罗，不仅既往不咎，而且把瓦罗在庞培党人失败后被安东尼占据的土地归还给他，同时还授权瓦罗筹建一座大型的收藏拉丁文与希腊文书籍的图书馆。从此瓦罗解甲执笔，准备把全部时间和精力投到他所热爱的学术事业上。

但树欲静而风不止，政治风浪再次冲击到他。公元前43年，屋大维、安东尼、雷必达的"后三头同盟"形成时，安东尼下令把瓦罗列入"公敌宣告"名单，并抄没其财产和藏书。瓦罗幸得友人卡雷那斯的帮助，才免于一死。据阿庇安记载，卡雷那斯把瓦罗隐藏在自己的一所别墅中，而这别墅是安东尼在旅途中经常留宿的地方。主要是由于无人告发或许也由于这一藏身处出乎人们意外，瓦罗最终幸免于难。屋大维战胜安东尼后，再

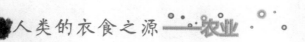

度赦免瓦罗，使瓦罗在风烛残年得以安居乡下，从事著述。

瓦罗的军政生涯，并无多少出色之处，晚年悉心治学却颇有所成。瓦罗的同时代人称他是"最博学的罗马人"。他博览群书，勤奋写作。其著作，卷帙浩繁，范围广泛，广征博引，体裁新颖。据统计，瓦罗的著作达74部，620卷之多，内容涉及天文、地理、航海、算术、语言、历史、哲学、宗教、农学、医学，几乎包罗万象，好似古代百科全书。遗憾的是，幸存下来的只有《论拉丁文法》的一部分(5—10卷，全书共25卷)和《论农业》3卷以及其他一些著作的断片。

第八章

漫谈中外农学古籍

人类的衣食之源——农业

早在公元前五六千年前，我国的黄河、长江流域就已出现农耕作业。到了西周时期，以农为主、以畜牧业为辅的生产格局已经形成。由于农业是中国社会的经济基础，历代统治者历来重视农业生产，所以很早就形成了独具特色的农学体系。在战国时期的诸子百家学说中就有有关农学的著作，如《神农》《野老》等，但早已失传。《汉书·艺文志》是中国历史文献上著录农书的开始。西汉汜胜之著的《汜胜之书》，是我国历史上最早的农业科学著作。宋代由于社会生产发展较快，雕版印刷技术有了迅速提高，著名古农书如《齐民要术》《四时纂要》《陈旉农书》《王祯农书》等得以刊刻普及，农业专著、谱录之类的农书显著增多。《宋史·艺文志》载农家类著作已增至107种，以及有关水产、农田水利的著作等，《元史·新编艺文志》列元朝所添农书8种，《明史·艺文志》又增加明朝新撰农书23种。清《四库全书》入编农书10种，存目农书9种。

西方国家关于农学方面的记载也很多，如古罗马执政官加图著的《农业志》，是古罗马共和制后期有关生产技术和农业经营的专著。英国亨利用法文撰的《农业论》，是记述英国古代农业生产及经营情况的农书。西班牙人科路美拉著的《农业论》，是有关农业生产技术和管理的著作，被后世视为反映古罗马开始衰落时期农业技术水平的代表作之一。日本宫崎安贞撰《农业全书》，记述明治维新前的农业生产技术，反映了当时的农业面貌。本章将就中西方农学典籍的代表著作一一进行介绍。

我国古代五大农书

中国是一个农业大国，古代农业生产水平长期走在世界的前列。农学是中国古代科学技术中取得成就最辉煌的学科之一，和中医学、天文学以及算学并称与世。在中国古代的农学史文献中，有五部农书被称为中国古代的五大农书。他们就是《氾胜之书》《齐民要术》《陈旉农书》《王祯农书》和《农政全书》。这五部农书是对我国长期积累的生产经验的总结，同时也是我国古代农业生产技术先进的反映。了解这五部农书的主要内容及其科学价值极为重要。

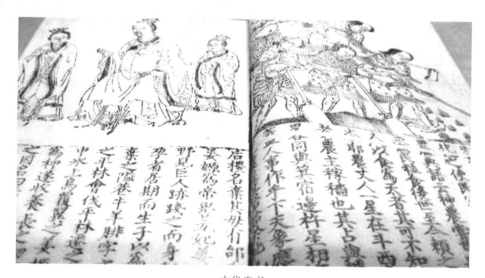

古代农书

◆ 《氾胜之书》

　　《氾胜之书》原名《氾胜书》，是我国最早由个人独立撰写的农书，也是世界上最早的农学专著。《氾胜之书》原书约在北宋初期亡佚，现存的是从《齐民要术》等一些古书中摘录原文而成，约3500字。《氾胜之书》的作者氾胜之是西汉时人，汉成帝（公元前32年—前7年在位）时出任过议郎，后因在三辅地区（包括关中平原）推广农业、教导种麦取得成效，而被提拔为御史。《氾胜之书》18篇是他在总结农业生产经验的基础上写成的。

　　该书总结了两千多年以前以我国关中平原和黄河中下游地区为中心的农业生产经验，是我国最早的一部综合性农书，书中对整个农

汉成帝

业生产过程对作了详细的总结。其主要内容包括：提出了"凡耕之本，在于趣时，和土，务粪泽，早锄早获。"的耕作栽培的总原则；科学的阐明了适时播种的重要性，认为播种冬小麦不宜太早也不宜太迟；最早记载了我国劳动人民的选

《氾胜之书》

种方法和草木（瓜类）植物嫁接的方法；详细介绍了种肥、基肥和追肥的情况和方法；对汉代农业生产技术的一大创新"区田法"和被誉为世界上最早的"溲种法"也详加论述。此外，《氾胜之书》不仅总结了当时北方旱地农业生产经验，而且也涉及到了南方的水田耕种方法。从中可以看出，我国两千多年以前的汉代农业生产技术就已经达到相当高的水平，即使到了今天，此书对农业生产也还有着重要的参考价值。

◆ 《齐民要术》

北宋贾思勰著的《齐民要术》是一部系统而且完整的农业科学著作，全书共10卷，92篇，11万多

北方现代农业

字。书中内容十分丰富，总结了我国北方劳动人民长期积累的生产经验，介绍了农、林、牧、副、渔业的生产方法，还提出了因地制宜，多种经营和商品生产等许多宝贵的思想，被誉为农业百科全书。

《齐民要术》对农业生产的理论作了系统地阐述，而且具体操作的各个环节都写得相当具体、详细、全面、清楚，不仅超过了前人的同类的著作，而且在世界上也达到了领先水平。比如："平整土地"一项，贾思勰既指出了耕地的重要意义和要求，又特别详尽地讲述了耕地分为春、夏、秋、冬，讲究深、浅，注意初、转、纵、横、顺、逆等，因时制宜、因地制宜进行耕作和管理的方法，甚至连耕坏了怎么补救的办法都写进了书中。针对我国北方地区少雨干旱的气候特点，贾思勰对北方抗旱保墒问题进行了深入探讨，总结出具体的技术措施和经验；对轮作和套种作了科学的总结和研究，为农业生产的发展开辟了广阔的途径；对农作物的品种进行了专门论述，在选种问题上提出穗选法的主张，这实际上就是一种简单的优选法。

对如何提高土地的肥力，使农作物能不断从土地上得到充足的养料，贾思勰更是有独到精辟的见解。他在《齐民要术》中提出了多种办法，其中尤其以轮种、套种最佳，通过不同作物的轮换栽种，或几种作物同时栽种使地里的养分尽其所用，并且还能促使地力尽快恢

《齐民要术》

复。他明确地把先种哪些作物，后种哪些作物，以及采用不同的轮种方法得到不同的效果都一一记载下来，而这一切西欧人在当时仅识皮毛，只知道采用轮换休耕的办法提高地力而已。可见，贾思勰的研究比起当时的西欧要先进得多。

《齐民要术》是一部内容非常丰富、科学价值很高的农学巨著，它系统、全面地总结了公元六世纪以前我国北方劳动人民长期积累的农业生产经验，有许多项目比世界其他先进民族的记载要早三、四百年，甚至一千多年。《齐民要术》为我国初步建立了农业科学体系，对推动我国古代农业生产和农业科学技术的发展，产生了巨大的影响。它不但是我国，也是世界上现存最早、最完整的农书，在中国和世界农业科学发展史上，都占有重要的地位。

《齐民要术》

农业百花园

贾思勰养羊

贾思勰深知，北魏国人对畜牧业生产有着较多的经验，而且也习惯于饲养牛、羊等牲畜。如果自己在这方面能总结出一套行之有效的方法，使畜牧业生产有较大发展，北魏国人自然会接受并信服他，在此基础上再推广农业生产，便会顺利得多了。于是，他开始养羊。一次，他养了200头羊，由于缺乏饲养经验，事先不知道一头羊该准备多少饲料，最终因饲料供应不上，不到一年，200头羊饿死了一大半。贾思勰并不气馁，继续干下去，接着他又养了一群羊，并且种了20亩大豆，他想，这次羊总不会死去了吧！哪知饲料倒是不缺，可羊还是死了许多。贾思勰百思而不得其解，实在无计可施。成天茶饭不思，苦恼至极，邻里看到他这种状况，恐怕他急出病来。一位好心人打听到离他们这里一百多里外有

羊

一位养羊高手，立即把这消息告诉了他。贾思勰听后二话没说，连夜赶到那里向老羊倌求教。

贾思勰一到老羊倌家，便拜老人家为师，滔滔不绝地讲述自己养羊的情况，诚恳地请老人家指教。老羊倌被他的诚意所感动，留他在家住了好几天，让他仔细观看自己的羊圈，并且从羊的选种、饲料的选择和配备、羊圈的清洁卫生及管理方法一一细细讲述给他听。贾思勰从老羊倌的叙述中，似乎明白了自己第二次养羊失败，大概是由于羊圈管理不得法的缘故。老羊倌说："你的悟性真高，羊是不吃自己撒过尿拉过屎的饲料的。你把饲料乱扔在羊圈里，让羊在上面踩来踩去、拉屎撒尿，尽管你吸取了第一次饲料不足的教训，准备了足够的饲料，但不懂得羊是不吃弄脏了的饲料的道理，你不打扫好羊圈的卫生，就是准备再多的饲料也是白搭啊！不过，像你这样的有志之

贾思勰

士，一定会把羊养好的。"果然，功夫不负有心人，贾思勰回去后，按照老羊倌的指点又养了一群羊，这群羊可养得膘肥肉壮，产奶也多，成活率相当高。从此，贾思勰的名声传了出去，越来越大，向他求教的人络绎不绝，人们信服地称他为养羊能手。

◆ 《陈旉农书》

宋代陈旉著的《陈旉农书》，是我国有史以来第一部总结南方农业生产经验的农书，也是我国古代第一部谈论水稻栽培种植方法的农书。陈旉自耕自种，下苦功夫钻研，于74岁时写完这部著作，全书约有一万二千多字，分上、中、下三卷。上卷总论土壤耕作、作物栽培和土地经营；中卷牛说，讲述耕畜——牛的饲养管理；下卷蚕桑，讨论有关种桑养蚕的技术。大抵泛陈大要，引经史以证明之，然亦结合了不少实践经验，对土地规划利用、土壤治理、水稻技术等方面，颇有独到见解。书中提出了"地力常新壮"的理论，提出了"用粪如用药"的合理施肥思想，并全面总结了江南水稻栽培经验，对我国农业的发展作出了新贡献。

《陈旉农书》是现存第一部有关南方水稻种植区农业生产技术的著作，书中以有关水稻生产技术为核心，但也总结了南方旱地作物的生产经验。从现存的古农书来看，其主要的成就有：

（1）第一次专篇论述了耕牛问题；

（2）第一次把蚕桑作为农书的一个重点问题；

（3）第一次专篇系统地论述了土地规划和利用；

（4）第一次专门讨论了水稻秧田育苗技术；

（5）第一次系统的总结了农业生产技术的原理；

（6）第一次把农业经营管理和生产技术放在同种位置，且强调经营管理是农业生产的关键因素；

（7）提出了著名的土壤肥力学说："地力常新壮"和"用粪犹用药"的论断。

（8）论述了肥料的四个新来源：制造火粪、堆肥发酵、粪屋积肥和沤池积肥。

《陈旉农书》

 农业百花园

《救荒本草》

《救荒本草》是我国明代早期（公元十五世纪初叶）的一部植物图谱，它描述植物形态，展示了我国当时经济植物分类的概况。书中对植物资源的利用、加工炮制等方面也作了全面的总结。对我国植物学、农学、医药学等科学的发展都有一定影响。《救荒本草》为明代朱橚（1360—1425年）编写。朱橚是明太祖第五子，封周王，死后谥定，所以《明史·艺文志》对这部书题"周定王撰"。《救荒本草》是一部专讲地方性植物并结合食用方面以救荒为主的植物志。全书分上、下两卷。记载植物414种，每种都配有精美的木刻插图。从分类上分为：草类245种、木类80

种、米谷类20种、果类23种、菜类46种，按部编目。同时又按可食部位在各部之下进一步分为叶可食、根可食、实可食等。计有：叶可食237种、实可食61种、叶及实皆可食43种、根可食28种、根叶可食16种、根及实皆可食五种、根笋可食三种、根及花可食二种、花可食五种、花叶可食五种、花叶及实皆可食二种、叶皮及实皆可食二种、茎可食三种、笋可食一种、笋及实皆可食一种。其中草本野生谷物，归入种实可食部的稗子、雀麦、薏苡仁、莠草子、野黍、燕麦等都是禾本科植物；米谷部的野豌豆、山扁豆、胡豆、蚕豆、山绿豆都是豆科植物。同类排在一起，既方便于识别，也反映了它们之间有相近的亲缘关系。

《救荒本草》新增的植物，除开封本地的食用植物外，还有接近河南北部、山西南部太行山、嵩山的辉县、新郑、中牟、密县等地的植物。在这些植物中，除米谷、豆类、瓜果、蔬菜等供日常食用的以外，还记载了一些须经过加工处理才能食用的有毒植物，以便荒年时借以充饥。作者对

蚕　豆

采集的许多植物不但绘了图，而且描述了形态、生长环境，以及加工处理烹调方法等。

《救荒本草》很早就流传到国外。在日本先后刊刻，还有手抄本多种问世。据日本研究中国本草学的冈西为人说，《救荒本草》在日本德川时代（公元1603—1867年）曾受到很大重视，当时有关的研究文献达十五种。这部书曾由英国药学家伊博恩译成英文。伊博恩在英译本前言中指出，毕施奈德于1851年就已开始研究这本书，并对其中176种植物定了学名。而伊博恩本人除对植物定出学名外，还做了成分分析测定。

《野菜谱》

《救荒本草》

◆ 《王祯农书》

元代王祯著的《王祯农书》，是元代总结中国农业生产经验的一部综合性农学著作，也是一部对整个农业进行系统研究的巨著。该书有三部分组成：第一部分《农桑通诀》六卷19篇，是农业总论性质的。首先论述了农业、牛耕和蚕桑的起源，以及农业和天时、地利、人力三者之间的关系；其次论述了包括垦耕、播种、中耕、施肥、灌溉、收获和贮藏等大田作物的生产技术；最后论述了果木的栽培、家禽（包括鱼和蜜蜂）

的蓄养，以及养蚕、缫丝等内容。第二部分《百谷谱》是对农作物的各论。分别论述了谷属、蓏属、蔬属、果属、竹木、杂类、饮食类和备荒论等80多种植物的生产技术。第三部分是《农器图谱》，共分12卷20门，插图300多幅，占全书的五分之四。如此详细的介绍各种农

葡萄的栽培

业生产工具，这在以前的农书中很少见，标志着中国传统农具已经发展成熟。在中国农书中，《农器图谱》的地位是不可替代的，在中国农学中，《农器图谱》的功绩也是不可磨灭的。因此，《农器图谱》是《王祯农书》中最具有价值的一部分，奠定了该书在中国农业科学技术史，尤其是在中国农具发展史中的地位。

《王祯农书》是中国第一次兼论了南北农业生产技术的农书。农业因天时、地利等关系具有区域性，中国南北农业生产技术也有较大的差异，王祯在农书中注意对比异同，强调互相取长补短以促进农业的发展。

农业百花园

《天工开物》

《天工开物》初刊于1637年（明崇祯十年），是我国古代一部综合性的科学技术著作，有人也称它是一部百科全书式的著作，作者是明朝科学家宋应星。外国学者称它为"中国17世纪的工艺百科全书"。作者在书中强调人类要和自然相协调、人力要与自然力相配合。

《天工开物》是世界上第一部关于农业和手工业生产的综合性著作。它对中国古代的各项技术进行了系统地总结，构成了一个完整的科学技术体系。收录了农业、手工业、工业——诸如机械、砖瓦、陶瓷、硫磺、烛、纸、兵器、火药、纺织、染色、制盐、采煤、榨油等生产技术。尤其是机械，更是有详细的记述。在国外先后被翻译成多种文字。

古代纺织机

　　《天工开物》是中国历史上伟大的科技著作，其特点是图文并茂，注重实际，重视实践。被欧洲学者称为"17世纪的工艺百科全书"。它对中国古代的各项技术进行了系统地总结，构成了一个完整的科学技术体系。对农业方面的丰富经验进行了总结，全面反映了工艺技术的成就。书中记述的许多生产技术，一直沿用到近代。如此书在世界上第一次记载炼锌方法；"物种发展变异理论"比德国卡弗·沃尔弗的"种源说"早一百多年；"动物杂交培育良种"比法国比尔慈比斯雅的理论早两百多年；挖煤中的瓦斯排空、巷道支扶及化学变化的质量守恒规律等，也都比当时国外的科学先进许多。尤其"骨灰蘸秧根""种性随水土而分"等研究成果，更是农业史上的重大突破。

《天工开物》

176

◆ 《农政全书》

《农政全书》的作者徐光启，为中国明末杰出的科学家和近代科学的先驱。他的科学成就是多方面的，但一生用力最勤、收集最广、影响最深远的还要是集中农业与水利方面的代表著作《农政全书》。全书分为12目包括：农本3卷、田制2卷、农事6卷、水利9卷、农器4卷、树艺6卷、蚕桑4卷、蚕桑广类2卷、种植4卷、牧养1卷、制造1卷、荒政18卷，共60卷。

该书基本上囊括了古代农业生产和人民生活的各个方面，而其中又贯穿着一个基本思想，即徐光启的治国治民的"农政"思想。贯

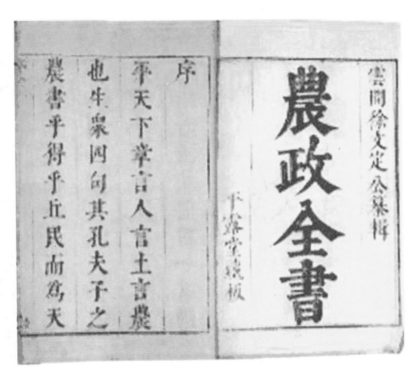

《农政全书》

彻这一思想正是《农政全书》不同于其他大型农书的特色之所在。其他的大型农书，无论是北魏贾思勰的《齐民要术》，还是元代王祯的《农书》，虽然是以农本观念为中心思想，但重点在生产技术和知识，可以说是纯技术性的农书。《农政全书》按内容大致上可分为农政措施和农业技术两部分。前者是全书的纲，后者是实现纲领的技术措施。所以在书中人们可以看到开垦、水利、荒政等等一些不同寻常的内容，并且占了将近一半的篇幅，这是其他的大型农书所鲜见的。以"荒政"为类，其他大型农书，如汉《氾胜之书》、北魏《齐民要术》，虽然也偶尔谈及一、二种备荒作物，但都不及《农政全书》。《农政全书》中"荒政"作为一目，有18卷之多，为全书12目之冠。目中对历代备荒的议论、政策作了综述，水旱虫灾作了统计，救灾措施及其利弊作了

《农政全书》

分析，最后附草木野菜可资充饥的植物414种。

《农政全书》在具体的农业科学技术上的成就有：

（1）用事实破除了中国古代农学中的"唯风土论"思想；

（2）对棉花从栽培到织成布这中间一系列技术问题的详细论述，

提出了"精拣核、早下种、深根短干、稀稞肥壅"的十四字口诀；

（3）总结了番薯越冬藏种技术和栽培经验；

（4）总结了蝗虫灾害的发生规律及治理的方法；

（5）详尽地介绍了女贞树养白蜡虫的经验等。

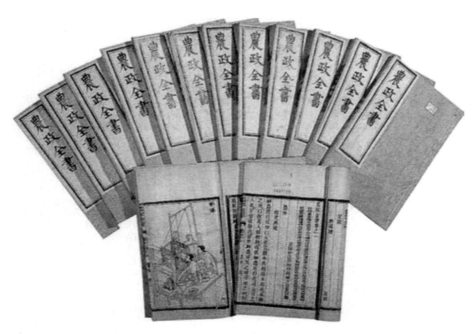

《农政全书》

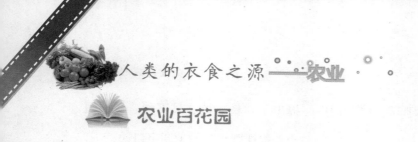

📖 农业百花园

涂光启和《农政全书》

　　徐光启认为，水利为农之本，无水则无田。当时的情况是，一方面西北方有着广阔的荒地弃而不耕；另一方面京师和军队需要的大量粮食要从长江下游启运，耗费惊人。为了解决这一矛盾，他提出在北方实行屯垦，

徐光启

屯垦需要水利。他在天津所做的垦殖试验，就是为了探索扭转南粮北调的可行性问题，借以巩固国防，安定人民生活。这正是《农政全书》中专门讨论开垦和水利问题的出发点，从某种意义上来说，这也就是徐光启写作《农政全书》的宗旨。

但是徐光启并没有因为着重农政而忽视技术，相反他还根据多年从事农事试验的经验，极大地丰富了古农书中的农业技术内容。例如，对棉花栽培技术的总结，古农书中有关的记载最早见于唐韩鄂的《四时纂要》，以后便是元代的《农桑辑要》和王祯《农书》，但记载都很简略，仅有寥寥数百字而已。明代王象晋《群芳谱》中的"棉谱"，约有2000多字，比之略晚的《农政全书》却长达6000多字，可谓后来者居上。该书系统地介绍了长江三角洲地区棉花栽培经验，内容涉及棉花的种植制度，土壤耕作和丰产措施，其中最精彩的就是他总结的"精拣核、早下种、深根、短干、稀科、肥壅"的丰

徐光启和《农政全书》

产十四字诀。从农政思想出发，徐光启非常热衷于新作物的试验与推广，
"每闻他方之产可以利济人者，往往欲得而艺之"。例如，当徐光启听到
闽越一带有甘薯的消息后，便从莆田引来薯种试种，并取得成功。随后便
根据自己的经验，写下了详细的生产指导书《甘薯疏》，用以推广甘薯种
植，用来备荒。后来又经过整理，收入《农政全书》。甘薯如此，对于其
他一切新引入、新驯化栽培的作物，无论是粮、油、纤维，也都详尽地搜集
了栽种、加工技术知识，有的精彩程度不下棉花和甘薯。这就使得《农政全
书》成了一部名副其实的农业百科全书。

罗马第一部农书——《农业志》

《农业志》又译《论农业》，作者加图，是古代罗马共和时代的一位声名显赫的人物。他不仅是一位以保守派著称的刚强有力的政治家，还是一位极富辩才、谈吐幽默的演说家，博学多闻的历史学家，拉丁文学的奠基人，尤其是一位亲身从事农业管理的农学家。他所著的《农业志》是罗马历史上第一部农书，也是幸存于世的加图著作中最完整的一部。

该书约写于公元前160年，共2万多字，内容广泛，大大超过书名所指的范围。若单就农业方面来看，与其说它是对农业知识的系统论述，倒不如说它是对经营方面的规划和意见的汇集。在该书中，加图不仅总结了他自己多年来从事农业经营和管理的经验，而且对前人有关这方面的实践经验进行了概

今日罗马一景

括。这使该书成为研究罗马时代的农业生产、奴隶劳动的重要资料。

书中记载了意大利中部庄园的经营管理，特别是奴隶劳动的情况，对不同规模和性质的庄园应使用多少奴隶劳动以及奴隶间的分工都作了精细的计算，从而形成一套奴隶生产的管理思想，其内容主要有：

（1）认为农业是罗马人最重要的职业，主张奴隶主必须认真经营农业，用心管理好自己的农庄；

（2）强调奴隶主应对劳动力——奴隶严加看管，而不要放任；

（3）明确提出要挑选管家并规定了管家应遵守的条例。书中也间接地反映了加图的政治主张与实际的矛盾。一方面，他大力提倡亲自参加农业生产活动，继续过乡村那种淳朴生活。他写道："最勇敢的人和最干练的战士都是从农民中产生的，农民的收入是最纯洁、最可靠和最不致于引起嫉妒的，从事农业的人是最可靠的。"但另一方面，他又拼命地要增加自己的地产，并力图用多卖少买的办法来增加收益。他认为种葡萄最有利，其次是种菜，再次为种粮食，并主张搞集约经营。书中对什么时候施肥、怎样施肥、如何管理葡萄和橄榄、如何管理牲口、如何选择和构筑打谷场、如何保管所收获的粮食等问题都做了描述。

总之，该书是研究古罗马经济史的最早史料之一，给我们提供了当时罗马经济发展的珍贵资料，其地位非常重要。

葡 萄

古罗马的农业科学

　　古罗马以农业立国，农业科学技术有很大的发展，许多行政长官和学者都写过有关农学的著作。最著名的要属公元前180年罗马监察官卡图（公元前234—前149年）发表的《论农业》一书。公元前37年，大法官瓦罗（公元前116-前27年）在卡图的基础上，重新撰写了《论农业》。瓦罗还是一位著名的拉丁语作家，他开创了罗马时代百科全书式的写作传统。他把学问分为九科，即文法、修辞、逻辑、几何、算术、天文、音乐及医学、建筑。

古罗马竞技场

中国农书的分类

按广义农业看，中国农书包　括大田作物、果树、蔬菜、花卉、林木、蚕桑、畜牧、兽医、水产、农具、农田水利、农副产品加工与贮藏等方面，不但内容丰富，包括面广，而且农书数量之多，在世界上也是绝无仅有的。据王毓瑚在《中国农学书录》中记载，中国农书有542种，其中流传至今的约300余种。根据记载内容的范围，中国农书可分为综合性农书和专业性农书两大类。

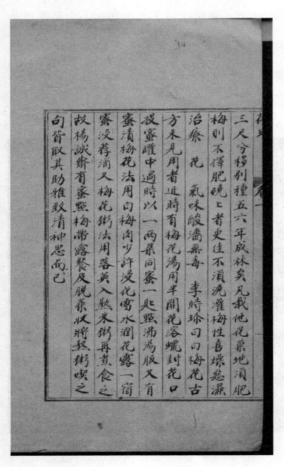

《中国农学书录》

◆ **综合性农书**

综合性农书是中国古农书的基干，是几乎无所不包的知识整体，相当于广义的农书，内容包括农、林、牧、副、渔等多方面。按其涉及地域范围的大小和编写体例的不同，它先后又出现了三种类型，可分为全国性农书、地方性农书和月令类农书三类：

（1）全国性农书

这类农书反映广大地区直至全国的农业情况。最重要的有五大农书，即北魏贾思勰的《齐民要术》、元大司农司撰的《农桑辑要》、元代的《王祯农书》、明徐光启撰写的《农政全书》和清乾隆官修的《授时通考》。

这五大农书既有综合性的共同

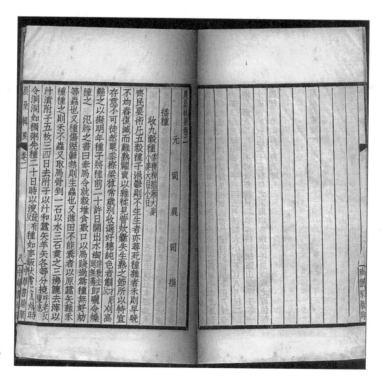

《农桑辑要》

点，又在历史背景和内容方面各具特色，是中国农书的典型代表。

（2）地方性农书

与上述全国性农书相比，地方性农书所反映的地区范围较狭小，篇幅一般比较短。这类农书与全国性农书的主要区别在于所叙述的农业背景有明显的地方性，述及的生产经验有强烈的针对性和实用性，所述技术一般是当地农民经验或作者实践的体会，其理论概括和分析也常有独到之处。宋以前这类农书数量很少，此后开始转为兴盛，《陈旉农书》为这类农书的代表作，它是一本反映长江下游地区以种稻、养蚕农业生产技术为主的农书，该书提出的"地力常新壮"论点是中国传统农业有关土壤改良的高度概括。中国地域辽阔，各地气候、土质、地形等条件千差万别，地方性农书记述的农业科学技术知识比较多地针对各地的实际情况，

剥茧　　　　选茧　　　　缫丝　　　　复摇

缝纫　　　　裁剪　　　　织造　　　　捻线

养　蚕

因而切合当地实际情况，指导和参考作用较大。明清时期这类农书中比较重要的有反映杭嘉湖地区稻、桑农业的《沈氏农书》和《补农书》，所记述的经济管理和技术知识都达到很高水平，是极有价值的地方性农书；此外还有反映江西奉新地区农业生产的《梭山农谱》、江淮地区的《齐民四术》、四川地区的《三农纪》、陕西关中地区的《胡氏治家略》、江苏上海的《浦泖农咨》、山西寿阳地区的《马首农言》等。

（3）月令类农书

月令类农书是指用月令、时令及岁时记载等体例写成的农书。春秋战国时期，载于《大戴礼记》中的《夏小正》和《小戴礼记》中的《月令》等农书可以说是月令类农书的先驱。"月令"一词最初见于《礼记·月令》，是把一年中该做的事逐月加以安排，主要包括天象、物候和农事活动，以后又增加了天子百官的起居、祭祀、礼仪和平民百姓应遵守的法令、条戒等。月令体裁的起源可追溯到先秦时期的《夏小正》，该书虽无月令之名，但也是按十二个月分别记载天象、物候、农耕、狩猎、蚕桑以及政事等。汉以后，月令类农书在内容和体裁上有所发展和演变，除农家月令书之外，还采用时令、岁时记等形式，内容也扩大到社会生活的各个方面。历代相沿，以月令体裁写成的农书约20余种，其中影响较大的有东汉崔寔的《四民月令》、唐韩鄂的《四时纂要》等。大型农书如明《农政全书》、清《授时通考》以及小型农书如清张宗法撰《三农纪》等书中也都专辟月令体例的内容。

◆ **专业性农书**

专业性农书只涉及农、林、

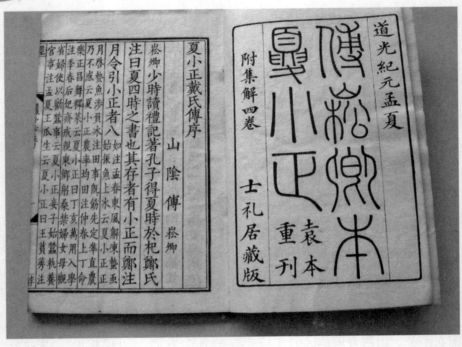

《夏小正》

牧、副、渔的某一方面，比如详于栽培技术介绍的农书，此农书专门论及一种或一类栽培植物、家养动物或农业技术。这类农书门类多、数量大，占中国农书的极大多数。最早出现的是有关相马、医马、相六畜和养鱼等的书；其次由于宫廷和王公贵族住宅对花木的需要，导致出现了花卉庭园这一方面的专书。唐代开始出现讨论种茶、农器和养蚕的专著；宋代由于农业专业化的生产的发展，专业性农书种类大大增多，如蔬菜、果树、竹木、水产等；明清时期专业性农书大量涌现，不仅种类多，而且内容更为充实丰富，出现了不少只对某种作物或动物进行特定记述的专著，如渔书、为救荒用的野菜专著、治蝗

花卉养殖

书等。

（1）畜牧、兽医类农书

从历代书目中可查到的畜牧、兽医类文献约510部(篇)，但保留下来的仅十分之一。畜牧类农书以"相畜"为最多，其次是"马政"，有关饲养管理、繁育及畜产品利用加工的文献多散见于综合性农书如《齐民要术》《王祯农书》《农政全书》中的畜牧部分。早在春秋、战国时，就已出现了伯乐、王良、九方皋、宁戚等著名相马、相牛专家。但战国以前的相畜文献却未能流传下来。两汉以后流传的《伯乐相马经》以及《隋书·经籍志》中的

《相鸭经》《相鸡经》《相鹅经》等，可能渊源于此。马政是历代王朝为繁育战马而颁布的政令，明朝杨时乔的《马政纪》是现存较完整的一部马政书。北宋时，王愈撰写了《蕃牧纂验方》一书，其中所选录的许多验方有些至今仍应用于临床，对中兽医方剂的发展有重要影响。与蚕桑一样，畜牧兽医自《齐

《中国农学书录》

《中國農學書錄》

王毓瑚 編著

中華書局

六畜》三十八卷。又《太平御览》卷903引《博物志》说："卜式有《养猪羊法》、商邱子有《养猪法》。"《博物志》作者张华，西晋时人，因此这两部书应早于西晋而为汉代的作品。这一类书中，属于畜牧学性质的著作除去相牛经、相马经之类而外，专讲育种、饲养的为数不多，大多为兽医书。在兽医书中，有关家畜饲养管理知识则沦为附庸。唐代畜牧业很繁盛，尤其是养马业，其规模以及对社会经济发展所起的作用，是任何一个王朝都不能与之相比的。宋元时期，随着农业生产的发展，耕

民要术》开始，在综合性农书中一直占有一席之地，历代出现的畜牧兽医专著数量不少，《中国农学书录》中著录了81种。

畜牧兽医书是中国最早出现的专业性农书之一，《汉书·艺文志》"形法类"中即已著录有相马、相牛、相彘（猪）等的《相

畜作为农家役用的主要动力，受到高度重视。因而畜牧兽医专著的记述对象主要集中于马、牛、骆驼等大家畜，而又以医马、相马的书为多。晚唐的《司牧安骥集》是中国现存最古老的一部中兽医学专著。明代时畜牧兽医专书的记述对象发生了变化，明代以前主要是马，自明代开始已由马改换为牛，各种相牛、养牛、医牛的专书占明清时期畜牧兽医专著总数的50%以上。现存《元亨疗马集》《养耕集》《抱犊集》《猪经大全》等都是内容比较完整和实用的专著。其中《元亨疗马集》是作者根据自己的医疗实践体会总结编定，汇集了历史上已有的兽医知识，又吸取了明代民间的兽医经验，是中国古代兽医专书中刻印数量最多、流传最广的一部经典著作。

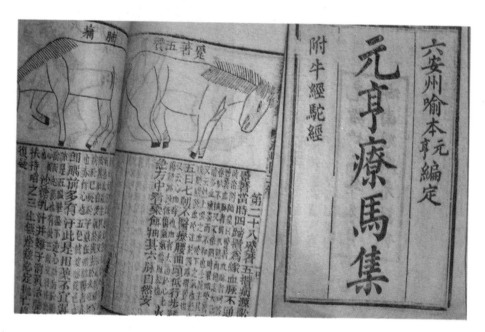

《元亨疗马集》

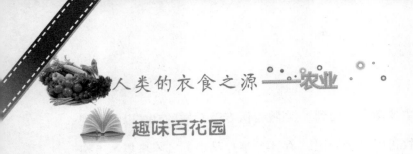
趣味百花园

伯乐相马

传说中，天上管理马匹的神仙叫伯乐。在人间，人们把精于鉴别马匹优劣的人，也称为伯乐。

第一个被称作伯乐的人本名孙阳，他是春秋时代的人。由于他对马的研究非常出色，人们便忘记了他本来的名字，干脆称他为伯乐，一直延续到现在。

一次，伯乐受楚王的委托，购买能日行千里的骏马。伯乐向楚王说明，千里马少有，找起来不容易，需要到各地巡访，请楚王不必着急，他尽力将事情办好。

伯乐跑了好几个国家，连素以盛产名马的燕赵一带，都仔细寻访，辛苦倍至，但还是没发现中意的良马。一天，伯乐从齐国返回，在路上，看到一匹马拉着盐车，很吃力地在陡坡上行进。马累得呼呼喘气，每迈一步都十分艰难。伯乐

伯乐相马

对马向来亲近，不由走到跟前。马见伯乐走近，突然昂起头来瞪大眼睛，大声嘶鸣，好像要对伯乐倾诉什么。伯乐立即从声音中判断出，这是一匹难得的骏马。伯乐对驾车的人说："这匹马在疆场上驰骋，任何马都比不过它，但用来拉车，它却不如普通的马。你还是把它卖给我吧。"

驾车人认为伯乐是个大傻瓜，他觉得这匹马太普通了，拉车没气力，吃得太多而且骨瘦如柴，毫不犹豫地就同意了。伯乐牵走千里马，直奔楚国。来到楚王宫以后，伯乐拍拍马的脖颈说："我给你找到了好主人。"千里马像明白伯乐的意思，抬起前蹄把地面震得咯咯作响，引颈长嘶，声音洪亮，如大钟石磬，直上云霄。楚王听到马嘶声，走出宫外。伯乐指着马说："大王，我把千里马给您带来了，请仔细观看。"楚王一见伯乐牵的马瘦得不成样子，认为伯乐在愚弄他，有点不高兴，说："我相信你会

骏 马

看马，才让你买马，可你买的是什么马呀，这马连走路都很困难，能上战场吗？"

伯乐说："这确实是匹千里马，不过拉了一段车，又喂养不精心，所以看起来很瘦。只要精心喂养，不出半个月，一定会恢复体力。"

楚王一听，有点将信将疑，便命马夫尽心尽力把马喂好，果然，不久后马变得精壮神骏。楚王跨马扬鞭，但觉两耳生风，只一喘息的功夫便已跑出百里之外。后来，千里马为楚王驰骋沙场，立下不少功劳。

（2）花卉类农书

自贾思勰把花卉摒除于《齐民要术》之后，很长一段时间内，花卉在综合性农书中占不了一席之地。唐代时，开始出现以花草为对象的谱录。到宋代以后，不仅花草谱录数量大增，而且扩展到各种果木、蔬菜以及竹、茶等经济作物，甚至还有各类作物的专谱。据王毓瑚《中国农学书录》所载，花卉类农书总数达150种。可根据其体例、叙述范围和对象分为3类：其一是通谱类花卉专书，如北宋周师厚的《洛阳花木记》、南宋陈景沂的《全芳备祖》、明王路的《花史

左编》、清陈淏子的《花镜》等。这类农书门类多、数量大，其中有的详于品种名称的登录，专门论及一种或一类栽培植物、家养动物或农业技术的农书。如《洛阳花木记》；有的详于栽培技术的介绍，只涉及农、林、牧、副、渔某一方面，如《花镜》；有的详于历史文献中有关花卉的赋咏辞藻的记录，如《全芳备祖》。其二是专谱类花卉，一书只记一种花卉。自晋戴凯之的《竹谱》起，到宋代陆续出现了牡丹、芍药、菊花、兰花、梅等专谱，著名的有宋代欧阳修的《洛阳牡丹记》、王观的《扬州芍

《全芳备祖》

药谱》、刘蒙的《菊谱》、王贵学的《兰谱》等都是著名花谱。这些专谱着重品种和鉴赏，还采用时令、岁时记等形式，但关于栽培的技术记述较少。其三是一些农书中收有花卉内容，如南宋吴怿的《种艺必用》、明王象晋的《群芳谱》等。

（3）茶类农书

中国是茶的故乡。汉以前茶叶已成为中国一些地区人们的饮料。到唐代，茶叶已成为重要商品，饮茶之风遍及全国。唐代出现的茶书有六、七种之多，现存陆羽撰写的《茶经》，系统总结了唐代以前种茶、制茶和饮茶的经验以及陆羽本人的体会，是一部对国内外很有影响的茶书。到宋代，茶叶已成为中国的通行饮料，问世的茶书比唐代还多，有十多种，大部分是记述建茶的，现存有《东溪试茶录》《品茶要录》《圣宋茶论》《大观茶论》《宣和北苑贡茶录》《北苑别录》等。明、清时有关茶的著作约有五、六十种之多，专门讨论茶树栽培技术和制茶的著作不很多，更多的只是论品茶和煮茶的器具、用水的品第等书。

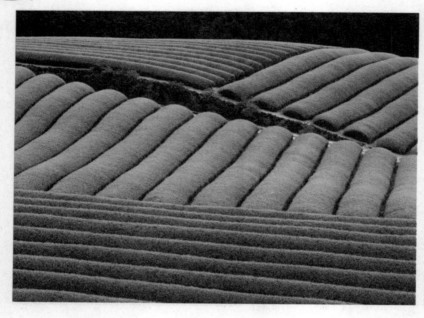

茶　园

农业百花园

茶　经

　　《茶经》是中国乃至世界现存最早、最完整、最全面介绍茶的第一部专著，被誉为"茶叶百科全书"，由中国茶道的奠基人陆羽所著。此书是一部关于茶叶生产的历史、源流、现状、生产技术以及饮茶技艺、茶道原理的综合性论著。《茶经》是陆羽在各大茶区观察了茶叶的生长规律、茶农对茶叶的加工以后，进一步分析了茶叶的品质的优劣，并学习了民间烹茶的良好方法的基础上总结出的一套规律，是一部划时代的茶学专著。它不仅是一部精辟的农学著作又是一本阐述茶文化的书，它

茶艺道具

将普通茶事升格为一种美妙的文化艺能，推动了中国茶文化的发展。

自唐代陆羽《茶经》到清末程雨亭的《整饬皖茶文牍》，专著共计100多种。包括茶法、杂记、茶谱、茶录、茶经、煎茶品茶、水品、茶税、茶论、茶史、茶记、茶集、茶书、茶疏、茶考、茶述、茶辩、茶事、茶诀、茶约、茶衡、茶堂、茶乘、茶话、茶英、茗谭等。这些著作绝大多数都是大文豪或大官吏所作，可惜大部分已经失传。此外，在书中有关茶叶的诗歌、散文、记事也有几百篇。

《茶经》成为世界上第一部茶学专著，是陆羽对人类的一大贡献。全书分上、中、下三卷共十个部分。其主要内容和结构有：一之源、二之具、三之造、四之器、五之煮、六之饮、七之事、八之出、九之就、十之图。

《茶经》

（4）农器类书

最早记述和研究农具的古籍，当推《周礼·考工记》，但作为记述农具的专书，则以唐代陆龟蒙的《耒耜经》为先，《耒耜经》主要记述了以犁为主的五种南方水田地区常用的农具。还有宋代曾之谨的《农器图谱》（已失传），记述了耒耜、耧锄、车戽、蓑笠、铚刈、篠簣、杵臼、计斛、釜甑、仓庾等共十项。此外还有明代王徵的《新制诸器图说》和清代陈玉璂的《农具记》等。在专业性农书中，农具书是较少的一类。但在一些综合性农书中，有大量中国古代农具的记载。按其涉及地域范围的大小和编写体例的不同，《王祯农书》的叙述详细尤为全面，附有农器图100多幅，堪称集中国古代农具之大成者。明朝宋应星的《天工开物》，记载了明朝中叶以前中国古代的各项技术。全书附有121幅插图，描绘了130多项生产技术和工具的名称、形状、工序等。明末《农政全书》中也专列"农器"一门，除记述中国的传统农具外，更为全面地反映了中国农书的面目，还介绍了当时欧洲的灌溉机械。此外，在一些类书如清《古今图书集成·考工典》中，日本天野元之助《中国古农书考》中，也收集有大量的农具资料。

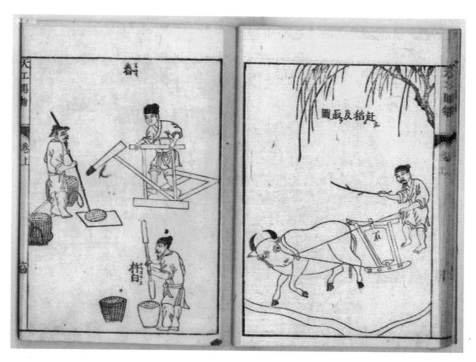

《天工开物》之农器杵臼

人类的衣食之源——农业

趣味百花园

关于农具的诗

　　耒耜见於易，圣人取风雷。不有仁智兼，利端谁与开。神农后稷死，般尔相寻来。山林尽百巧，揉斲无良材。

——宋·王安石《和圣俞农具诗十五首其十耒耜》

　　朝耕草茫茫，暮耕水濔濔。朝耕及露下，暮耕连月出。自无一毛利，主有千箱实。晥彼天上星，空名岂余匹。

——宋·王安石《和圣俞农具诗十五首其三耕牛》

水　车

翻翻联联衔尾鸦，苹苹确确蜕骨蛇。分畦翠浪走云阵，刺水绿针抽稻芽。洞庭五月欲飞沙，鼍鸣窟中如打衙。天公不见老农泣，唤取阿香推雷车。

——宋·苏轼《无锡道中赋水车》

（5）蚕桑专书

养蚕和栽桑密切结合，是一项兼跨植物生产和动物生产两个领域的独特生产部门。在中国传统农本观念中，耕种与养蚕占有同等重要的地位。因此，这方面的专著比较多。《周礼》郑玄注和《三国志·魏书·夏侯玄传》注中都提到

养　蚕

汉代有《蚕经》。自《齐民要术》起，所有的综合性农书中一般都要谈到桑树的栽培管理和蚕的饲养技术。唐代以前，养蚕以北方为盛，到晚唐时栽桑养蚕在长江流域中下游地区也很发达。《旧唐书·艺文志》"农家类"中著录有《蚕经》；《文献通考·经籍考》"农家类"则著录有五代孙光宪撰《蚕书》二卷；北宋也有一种《蚕书》；元代则有《蚕桑直说》《蚕经》《栽桑图说》等。

以上蚕桑专书现存仅有北宋文学家秦观撰写的《蚕书》，也是中国现存最早的蚕书。本书从浴种到缫丝的各个阶段记述得都很切实，主要是总结宋代以前兖州地区的养蚕和缫丝的经验，尤其对缫丝工艺技术和缫车的结构型制进行了论述。全书分种变、时食、制居、化治、钱眼、锁星、添梯、缫车、祷神和戎治等10个部分。其中"种

缫　丝

变"是蚕卵经浴种发蚁的过程；"时食"是蚁蚕吃桑叶后结茧的育蚕过程；"制居"是蚕按质上蔟结茧；"化治"是掌握煮茧的温度和索绪、添绪的操作工艺过程；"钱眼"是丝绪经过的集绪器（导丝孔）；"缫车"是脚踏式的北缫车及其结构和传动。

明清时期，蚕桑业的兴旺和实际生产的需要，大大促进了蚕桑专著的撰写。如《中国农学书录》总计著录蚕桑书41种，而这一时期的却占了35种，其中大半又是1840年鸦片战争后到1911年清朝灭覆亡前的著作。这些蚕桑书的内容大多是反映南方，尤其是江浙地区的蚕桑生产技术。记述对象除家蚕外，还包括有柞蚕、椿蚕、柳蚕、樗蚕，即所谓的"山蚕""野蚕"。明代蚕书现存仅有黄省曾的《蚕经》，清代前期有《豳风广义》《蚕桑说》《养山蚕或法》和《养山蚕

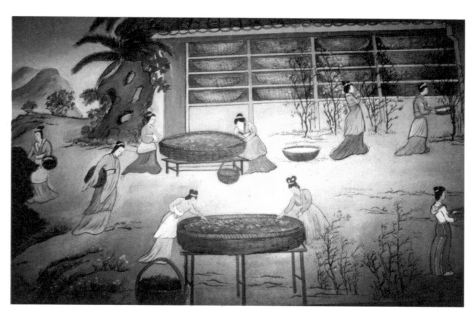

养 蚕

说》等，清代中叶的《吴兴蚕书》是一本比较好的蚕书。沈练的《蚕桑说》，经两次增订为《广蚕桑说》和《广蚕桑说辑补》，内容充实，是清代最流行的一本蚕桑书。

 农业百花园

牡丹和芍药的区别

1. 最根本的区别：牡丹是能长到2米高的木本植物，芍药是不高于1米的矮小（宿根块茎）草本植物。

2. 牡丹一般在4月中下旬开花，而芍药则在5月上中旬开花。二者花期相差大约15天左右。

3. 牡丹叶片宽，正面绿色并略带黄色；而芍药叶片狭窄，正反面均为黑绿色。

4. 牡丹的花朵着生于花枝顶端，多单生，花径一般在20厘米左右；而芍药的花多于枝顶族生，花径在15厘米左右。

5. 牡丹被称为花王，芍药被称为花相。

6. 牡丹叶片偏灰绿，芍药叶片较有光泽。

7. 牡丹比芍药花色丰富。

（6）蔬菜类农书

蔬菜是人们的重要食品，在所有大型综合性农书中都占有较大的篇幅。宋代蔬菜种植已出现专业化趋向和不少名产，同时出现了一些比较特殊的专谱，如僧赞宁的《笋谱》，记述竹笋的栽培方法、品种和调治、保藏方法。陈玉仁撰写的《菌谱》，是关于食用菌的最早专著。中国古代有关蔬菜的文献多散见于综合性农书、月令类农书和重要的类书中。

（7）果树类农书

中国栽培果树的历史悠久，早在《诗经》之中就已有关于果树名称的记载，但有关果树专著却是从唐代才开始出现，这类专著大多出自在产区为官而又注意农事之人的手笔。如南宋韩彦直是山西人，在温州做官，写了著名的《橘录》。《橘录》是中国也是世界上第一部总结柑橘栽培技术的书。果树类农书也有的是长期生活在产区的当地人所写，现存约85种，如清赵古农自幼生长在盛产龙眼的广东番禺，所写《龙眼谱》就很详实可信。据王毓瑚《中国农学书录》所载，中国原产的果树如柑橘、荔枝、龙眼、枣、桃和中国李等都有专著，其中荔枝的专著现存的有10余部之多。北宋书法家蔡襄的《荔枝谱》是世界最早的

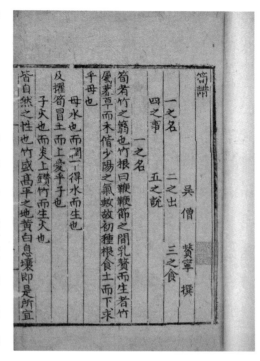

《笋谱》

一部荔枝专著。此外，更多的果树文献还散见于综合性的农书，如《齐民要术》《王祯农书》《群芳谱》《农政全书》等都有果树栽培的专篇。月令类农书中的逐月农事安排也都列出果树的修治斫伐、嫁接、治虫等技术。从明代开始，其他重要类书如唐《艺文类聚》、宋《太平御览》、明《三才图会》、

清《古今图书集成》中也都收有历代农书中有关果树的资料。

（8）野菜专著

中国自古以来自然灾害较多，灾荒之年，人们为了活命，常常以采摘野生植物来充饥。综合性农书中谈论备荒由来很早，如《氾胜之书》："稗……宜种之，以备荒年。"《齐民要术》中说到用芜菁、芋和桑椹等可以代粮充饥。《王祯农书》中写有专门的"备荒论"篇，除说明如何储粮备荒外，还简略说到可以利用芋、桑、芰、芡、葛、蕨、橡、栗等野生植物来度荒。到明代开始出现集中加以记述、并刊印成书的野菜专著。以明初朱橚的《救荒本草》为发端，继之有王磐的《野菜谱》、周履靖的《茹草编》和鲍山的《野菜博录》等等。这些著作内容颇为详实，除描述了所收录的各种野生植物形态、功效之外，还配以图画以便于

识别利用。这些救荒植物著作，在明代一再被刊印，有的还被李时珍的《本草纲目》所采录。《救荒本草》和《野菜博录》甚至全书都被徐光启收入《农政全书》"荒政"中。可能因明末引进的玉米、番薯等高产作物能起到救荒的作用，因此在清代有关这类的著作比起明代来大大减少。《中国农学书录》共著录野菜专著8种，其中明代的占6种，清代的只有2种。野菜专著讲的是自然界的产物，没有人类劳动参与其间。虽算不上是农业生产，但书的性质与纯粹植物学著作究竟不同。因作者的写作指导思想是要以天然产物来补充栽培植物之不足，所以它是一种特殊的农书。这类农书数量虽不很多，但在中国传统农学中却占有特殊地位，如《四库全书总目·农家类》著录的仅有十种书中，此类书就占有二种，在《存目》的九种书中此类书也有一种。

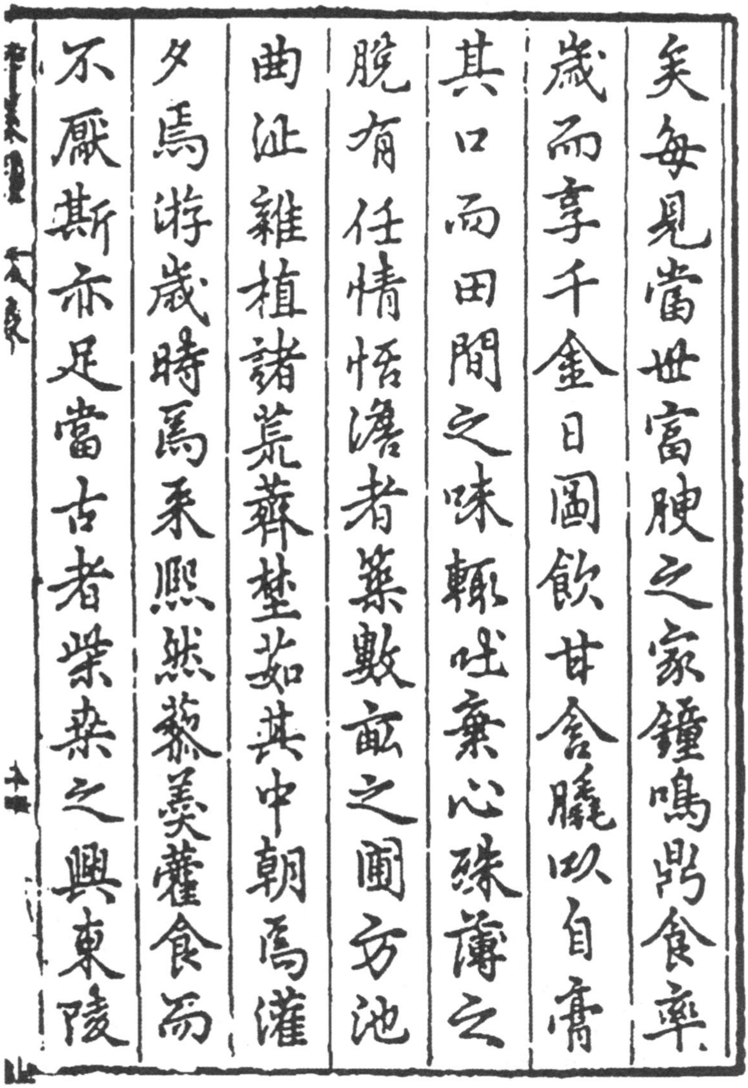

矣每見當世富腴之家鐘鳴鼎食卒
歲而享千金日圖飲甘舍脆以自膏
其口而田間之味輒吐棄心殊薄之
脱有任情悟澹者藥數畝之圃方池
曲沚雜植諸荒蕪壅如其中朝焉濯
夕焉游歲時焉乘熙然藜羹藿食而
不厭斯亦足當古者榮粢之興東陵

《野菜谱》

（9）治蝗类农书

中国农业虫害以蝗虫、螟虫为最烈。发生严重虫灾时，往往赤地千里、饿殍遍野，因此中国人很早就重视对虫害的防治。中国人民在与蝗害的长期斗争中，积累了丰富的经验和措施。南宋董煟的《救荒活民书》中就有最早的治蝗专篇。明清时期，对农业虫害的综合防治有了进一步发展，从而出现了治蝗专书。这一类书大多是地方行政官吏编撰的，在当时很有实用价值，故翻刻较多，流传颇广，可以说它是中国古代农书的一个特别组成部分。明代徐光启的《屯田疏稿·除蝗第三》是论述治蝗的奏疏，共提出了八条除蝗意见。作者还运用历史统计方法，得出蝗类最盛于夏秋之间的正确结论，并根据统计资料基本划定中国的蝗区，提出了根治蝗灾必先消灭蝗虫滋生基地的正确主张。清代以后陆续出现了20余

古代蝗灾

种治蝗专书，既收录了有关历史资料，也总结了当时当地农民的治蝗经验。其中陈世元汇辑的《治蝗传习录》所采农书范围较宽，而《四库全书总目提要》则强调五谷本业，明万历二十五年（1597年），陈经纶所写《治蝗笔记》即被收录于《四库全书总目提要》中，此书是中国放鸭除蝗的最早记载。在治蝗类农书中，清顾彦所辑的《治蝗全法》，虽然基本上辑录前人成说，但辑者也加了一些夹注和眉批，是篇幅最多、内容最全的一部治蝗专书。

（10）其他农类著录

关于竹木专著，最早的有晋戴凯之所著的《竹谱》，记述竹的产地和种类。宋代出现三种竹谱，

竹　林

现存仅有《续竹谱》。陈翥撰著的《桐谱》是中国和世界上最早论述泡桐的著作，很有价值。水产专著，最早的《陶朱公养鱼法》出现于汉代，《齐民要术》中引用的《陶朱公养鱼经》即此书，现有辑本。《汉书·艺文志》"杂占类"著录的《昭明子钓种生鱼鳖》八卷，已佚。明清时期有《种鱼经》《闽中海错疏》等约10种水产专著，其中以专记水产品种类的书为多，占有7种之多。如《闽中海错疏》专记闽海的水族共25种，每种都记述其形态和特性。此外，记述某一种作物和家畜（禽）的专谱则有《禾谱》《稻品》《芋经》《木棉谱》《桑志》《鸡谱》等。

 趣味百花园

蔬菜趣谈之银耳

　　光绪二十年（1894年）十一月的一天。天虽有些寒意，但颐和园里却是热闹非凡。这年慈禧刚好59岁，中国有六十不过，过五十九的习俗。慈禧是十一月二十九生日，现在正给她庆祝六十岁大寿。

　　这几天，京城的名角都来了，园内的德和园大戏楼已经唱了好几天大戏。虽已入冬，戏楼里小桌上依然摆满瓜果，都是各地官员为老佛爷贺寿进贡来的。老佛爷听的很入神，嘴里不由的哼着曲调。这时，宫女端来几个小盏。老佛爷打开盏盖，盏里面飘着雪白的银耳、红枣、莲子。她尝了一口，点了点头，问宫女："这银耳从哪里来的。"宫女答到："禀主子，是四川总督进贡来的。"她再问道："四川什么地方。"宫女答到："通江县。"

银　耳

老佛爷对宫女说："你告诉他们，这银耳口感很好，多做些。"其实四川总督只进贡一匣子，有二两左右。就这一点就要一百多两银子。（当时人们没有掌握银耳的栽培技术）。宫女告诉御膳房后，管事太监马上通知四川总督火速再进贡一些。

老佛爷一连吃完好几盏银耳羹，觉得很舒坦。忽然，有太监跪下说有加急战报要报。老佛爷听后勃然大怒，大骂太监扫了她的雅兴。让手下人，把报事的太监打一顿。随着噼里啪啦打屁股声音的响起，老佛爷心情稍微好一些，继续听她的戏。

银耳，又称白木耳、银耳子，是一种常见食用菌。银耳色乳白略带些微黄，胶质，半透明，柔软有弹性，由数片至10余片瓣片组成，形似菊花形、牡丹形或绣球形。

银耳在中国食用已经有一千多年，但长久以来人们食用的是野生银耳。银耳的人工种植起于1894年，它的种植是为了满足对慈禧的进贡。这也算慈禧对中国食物发展史的一个贡献。

银耳不仅可食用，还可以当药用。中医认为银耳具有"补肾、润肺、生津、止咳"之功效，可以治疗肺热咳嗽、肺燥干咳、久咳喉痒、咳痰带血等疾病。

选购银耳大家不要选太白的，略带些微黄的比较好。因为比较白的银耳往往是用硫磺熏制的。还要注意不要食用变质银耳，因为食用它会发生中毒反应，严重者会有生命危险。

银耳富有天然特性胶质，加上它的滋阴作用，长期服用可以润肤。适合女性食用，怪不得慈禧喜欢食用它。

银 耳

第九章

概述农业机械简史

　　中国是世界上农业生产历史最悠久的国家之一，创造和使用农业机械也源远流长。据考古发现，早在六七千年前，中华民族的祖先就在黄河流域种植谷子、蔬菜，在长江流域种植水稻等作物。人们为了增加作物的产量和提高劳动生产率，在几千年的生产实践和与大自然的不断斗争中，不但总结和积累了丰富的农业生产知识，而且在农业生产各主要作业环节上，相继发明创造了多种繁简不同、符合力学原理的生产工具或由零部件组成的生产器械，在古代统称为农具或农器。农具的应用极大地推动了我国古代农业文明的发展，其中有些农具制造工艺水平高超，令人赞叹，至今还有些传统农具在现代农业生产中起着相当重要的作用。随着社会生产力的发展，农具经过不断改良和创新，以机械化为代表的现代农具在农业发展中起着越来越重要的作用。它不仅可以节省劳动力、减轻劳动强度，还可以提高农业劳动生产率、增强克服自然灾害的能力。本章将就传统农具的释义、发展、分类以及现代农业机械的相关知识点进行一一介绍。

传统农具释义

　　传统农具是历史上发明创制、承袭沿用的农业生产工具的泛称。农具是农民在从事农业生产过程中用来改变劳动对象的器具，也称农用工具、农业生产工具。传统农具具有就地取材、轻巧灵便、一具多用、适用性广等特点。

农　具

传统农具发展简述

　　我国是世界上农具发展最早的　　许多发明创造，在节省劳动力和提
国家之一。中国古代在农具方面有　　高生产效率上也都有自己的特色。

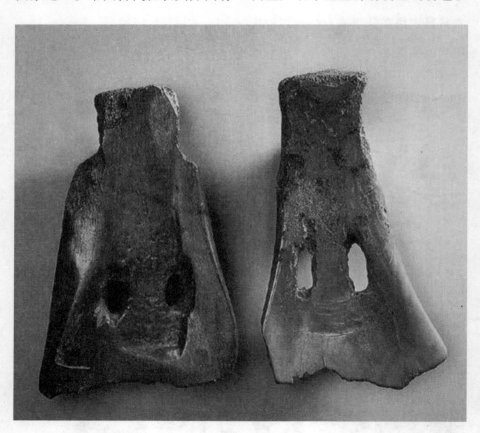

耒耜

在夏代，我国就发明了耒耜，随后懂得用牛、马来拉车。各种不同用途的农具相继发明并被运用到农业生产上，不仅推动了农业的发展，还推动了手工业和商业的兴盛。

◆ **耕整土地是农业生产最基本的作业项目**

夏代以前用耒耜进行翻土，到了商代人们将耒耜逐渐改进成耕犁，也出现了用牛耕田。耕犁和牛耕的出现，是农业生产技术的重大进步。到了战国初期，我国发明了铸铁技术，此后铁制农具日渐增

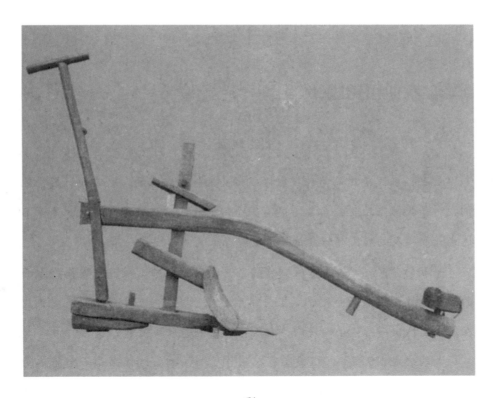

犁

多，还出现了铁犁铧。战国末期，耕犁上面又有了起翻土、碎土和埋掉杂草作用的原始犁壁。铁铧和犁壁的出现，是耕犁的重大发展。汉代不仅铁犁的构造式样增多，犁壁亦有改进。到了唐代，更是创造出了便于深耕的曲辕犁。陆龟蒙在《耒耜经》中记述了当时的犁是由金属的犁镵、犁壁和木制的犁底、压镵、犁箭、犁梢等11种零件组成的，能轻便地调节耕深、耕宽和回头转弯等。宋、元以后，犁的品种更加多样。南方水田用犁镵，北方旱地用犁铧；耕草野之地用犁镑，垦芦苇荒地用犁刀等。在漫长的古代，中国耕犁的发展水平一直相当高。

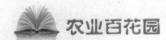
农业百花园

犁的起源

最早，农民是用简易的挖掘棒或锄头来挖垦农田的。农田挖好后，他们把种子抛撒在地里，希冀着能有一个好的收成。但在5500年前，美索不达米亚和埃及的农民开始尝试一种破碎泥土的新手段——犁。

早期的犁是用Y形的木段制作的，下面的枝段雕刻成一个尖头，上面的两个分枝则做成两个把手。当将犁系上绳子并由一头牛拉动时，尖头就在泥土里扒出一道狭小的浅沟，农民可以用把手来驾驶犁。

大约公元前970年，在埃及有人创作了一幅画。这幅画是一个简单的牛拉木制犁的素描。与远在公元前3500年就制造出来的第一批犁相比，这

犁

幅画上的犁设计并没有多大变化。

在埃及和西亚干旱、多沙的土地上，用这种早期扒犁可以充分地挖垦农田，使庄稼收成大为增加。收成增加后，增加的食物供应完全可以满足人口的增长，使埃及与美索不达米亚的城市日益发展起来。

到公元前3000年，农民们改进了自己的犁，把尖头制成一个能更有力地辟开泥土的锐利"犁铧"，还增加了一个能把泥土推向旁边的及倾斜的"底板"。

牛拉的木制犁仍在世界上许多地方使用，尤其是在轻质的沙土地区。早期的犁在轻质沙土上使用起来，比在北欧潮湿、厚重的泥土上使用更为有效。

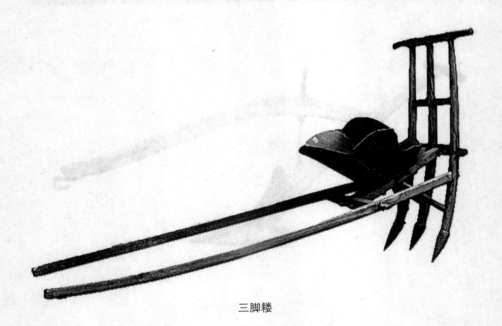

三脚耧

◆ **播种是农业生产的一项作业**

用人手就可直接撒播或点播，然而条播则需一定的工具。据《吕氏春秋》记载可知，战国后期中国已有了条播工具。此后逐步改进和演变，到汉武帝时搜粟都尉赵过在前人成绩的基础上发明创造了可同时播三行的播种机——三脚耧，一牛牵引，一人扶耧，一次播三行，同时完成开沟、下种、覆盖等工序，一天可播种一顷地。由于它能大大提高播种效率，汉武帝曾下令在全国推广。又据《王祯农书》载："近有创制下粪耧种。于耧斗后另置筛过细粪，或拌蚕沙（即蚕粪），耩时随种而下，复土种上，尤巧便也。"可见，至迟在元代初年便有了能使细肥与种子同时播下的播种机。

◆ **历史悠久的农具耕作**

为了间苗、松土、除草、培土和保持土壤水分等而使用的中耕农具，在中国出现得很早。战国时期就有了铁锄。成书于宋元时期的《种莳直说》中记载有一种耧锄，是畜力牵引的中耕、除草、培土机械，效率较高，距今至少已有六七百年了。

 农业百花园

石磨的发明人——鲁班

鲁班是中国古代一位优秀的创造发明家。他生活在春秋末期，叫公输班，因为他是鲁国人，所以又叫鲁班。据说他发明了木工用的锯子、刨子、曲尺等。他还用他的智慧，解决了人们生活中的不少问题。在鲁班生

鲁班

活的时代，人们要吃米粉、麦粉，都是把米麦放在石臼里，用粗石棍来捣。用这种方法很费力，捣出来的粉有粗有细，而且一次捣得很少。鲁班想找一种用力少收效大的方法，于是就用两块有一定厚度的扁圆柱形的石头制成磨扇。下扇中间装有一个短的立轴，用铁制成，上扇中间有一个相应的空套，两扇相合以后，下扇固定，上扇可以绕轴转动。两扇相对的一面留有一个空膛，叫磨膛，膛的外周制成一起一伏的磨齿。上扇有磨眼，磨面的时候，谷物通过磨眼流入磨膛，均匀地分布在四周，被磨成粉末，从夹缝中流到磨盘上，过罗筛去麸皮等就得到面粉。

传统农具分类

我国农业历史悠久、地域广阔、民族众多、农具丰富多彩。就各个地域、环境，不同的农业生产而言，在农业劳动中使用不同的农

农　具

具各有其自身的作用。历朝历代，农具都不断得到创新、改造，它为人类的文明进步作出了巨大的贡献。

◆ 耕地整地农具

耕地整地农具用于耕翻土地、破碎土垡、平整田地等作业，经历了从耒耜到畜力犁的发展过程。汉代时，畜力犁成为最重要的耕作农具。魏晋时期北方已经使用犁、耙、耱进行旱地配套耕作。宋代南方形成犁、耙、耖的水田耕作体系。水田耕整地工具主要有耕、耙、耖等，这套耕作体系在宋代已经形成。晋代发明了耙，用于耕后破碎土块，耖用于打混泥浆。宋代出现了耖、砺礋等水田整地工具用于打混泥浆。

◆ 播种农具

耧车是我国最早使用的播种

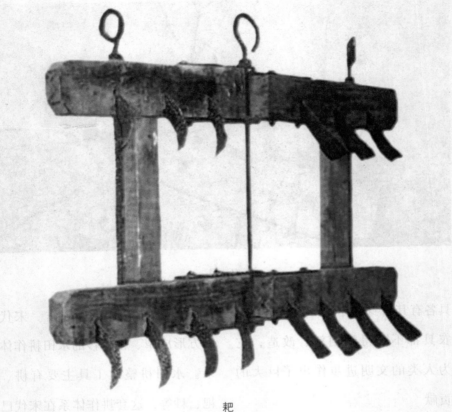

耙

工具，发明于东汉武帝刘秀时期，宋元时期北方普遍使用。北魏时期出现了单行播种的手工下种工具瓠种器。北宋时，出现了水稻移栽工具——秧马，它是拔稻秧时乘坐的专用工具，系够在一定程度上减轻人们弯腰曲背的劳作强度。

农业百花园

秧　马

　　秧马是种植水稻时，用于插秧和拔秧的工具，北宋开始大量使用。其外形似小船，头尾翘起，背面像瓦，供一人坐。其腹以枣木或榆木制成，背部用楸木或桐木所制。操作者坐于船背，如插秧则用右手将船头上放置的秧苗插入田中，然后以双脚使秧马向后逐渐挪动；如拔秧则用双手将秧苗拔起，捆缚成匝，置于船后仓中，可提高功效及减轻劳动强度。宋代大诗人苏轼曾撰写诗文，热情为之宣传推广，并安排实物进行示范表演。当时，在湖北、江西、江苏、浙江、福建、广东等地均有秧马使用。元代以后，继续发展，各种式

秧　马

样的秧船皆从秧马演化而来。宋朝苏轼《秧马歌序》写道："予昔游武昌，见农夫皆骑秧马。以榆枣为腹，欲其滑；以楸梧为背，欲其轻，腹如舟，昂其首尾，背如覆瓦，以便两髀雀跃于泥中。系束藁其首以缚秧，日行千畦，较之伛偻而作者，劳佚相绝矣。"

◆ 中耕除草农具

中耕农具用于除草、间苗、培土作业，分为旱地除草农具和水田除草农具两类。铁锄是最常用的旱地除草农具，春秋战国时期开始使用。耘耥是水田除草农具，宋元时期开始使用。

◆ 灌溉农具

中华民族的祖先早已认识到灌溉对于农业增产有着十分重要的作用，早在四千多年前祖先们就已经能够凿井取水。为了提水方便，

除草农具

商代初期发明了桔槔，周代初年创造了辘轳，秦汉时期井灌在北方已相当普遍。东汉灵帝时，毕岚创制了引水的翻车（又叫龙骨车）。后来，三国时马钧对翻车又做了重大改进。翻车是一个重要发明，是一千七百多年来中国农村普遍使用的一种排灌机具，有的地方叫它水

龙，或叫踏车，凡临水之处一般都可使用，甚为方便。它最初由单人踏或双人踏，后来由于机械制造技术的进步，特别是制造传动轴和传动齿轮方面的进步，大约南宋初期，出现了畜力龙骨水车，提水量和提水高度都大于人力。到了元代初年，发明了利用水流冲击带动的龙骨水车以及用水流冲击带动一个大型水轮、轮周带有若干水筒的筒子水车，都可自动提水。这又是一个巨大进步。此外，成书于一六三七年（明崇祯十年）宋应星所撰的《天工开物》中还有关于风车的记载。用风车带动龙骨水车，三百多年来在江苏一带一直被广泛应用。利用水力和风力提水，无需专人看管，非常省事和经济，是中国古代人民巧妙地利用自然能源的突出成就。

《天工开物》之筒车

灌溉工具桔槔

桔槔俗称"吊杆"，是一种原始的井上汲水工具。它是在一根竖立的架子上加上一根细长的杠杆，当中是支点，末端悬挂一个重物，前段悬挂水桶。一起一落，汲水可以省力。当人把水桶放入水中打满水以后，由于杠杆末端的重力作用，便能轻易把水提拉至所需处。桔槔早在春秋时期就已相当普遍，而且延续了几千年，是中国农村历代通用的旧式提水器具。这种简单的汲水工具虽简单，但它使劳动人民的劳动强度得以减轻。

桔　槔

◆ **收获农具**

收获工具包括收割、脱粒、清选用具。收割用具包括收割禾穗的掐刀、收割茎杆的镰刀、短镢等。脱粒工具南方以稻桶为主，北方以碌碡为主，春秋时出现的脱粒工具梿枷在我国南北方通用。清选工具以簸箕、木扬锨、风扇车为主，风扇车的使用比西方早近千年。

战国时期制造了与现今普通铁镰大体相似的铁镰，《王祯农书》中载有比普通铁镰效率更高的专用收获机具——推镰和苿麦器。早在公元前一世纪的西汉时期，我国就有扬去谷物中的秕糠用的风车（扇车），亦称飏扇或飏车，欧洲约一千四百年后才有类似的风车。扇车主要用于清除谷物颗粒中的糠秕，由车架、外壳、风扇、喂料斗及调节门等构成，工作时手摇风

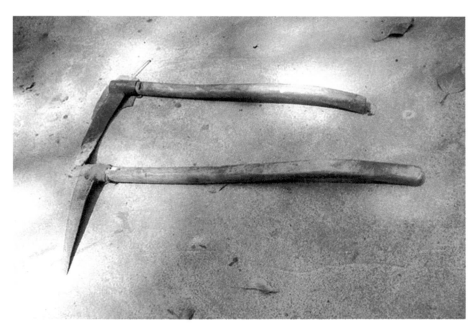

镰　刀

鼓风车

扇，开启调节门，让谷物缓缓　出机外。
落下，谷壳及轻杂物被风力吹

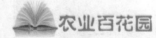农业百花园

辘　轳

　　辘轳是从杠杆演变来的汲水工具。据《物原》记载："史佚始作辘
轳"。史佚是周代初期的史官。早在公元前一千一百多年前，中国就已经
发明了辘轳。到春秋时期，辘轳开始流行。辘轳的制造和应用，在古代是
和农业的发展紧密结合的，它广泛地应用在农业灌溉上。在我国辘轳的应

辘　轳

用时间较长，虽经改进，但大体仍保持了原形，这说明在3000年前我们的祖先就设计了结构很合理的辘轳。解放前在我国的北方缺水地区，仍在使用辘轳提水灌溉小片土地。现在一些地下水很深的山区，也还在使用辘轳从深井中提水，以供人们饮用。在其他工业方面，还有使用牛力带动辘轳，再装上其他工具凿井或汲卤的。

◆ 加工农具

　　加工农具包括粮食加工农具和棉花加工农具两大类。粮食加工农具从远古的杵臼、石磨盘发展而来，汉代出现了杵臼的变化形式踏碓，石磨盘则改进为磨、砻。南北朝时期出现了碾。元代棉花是我国重要纺织原料，之后人们逐步发明了棉搅车、纺车、弹弓、棉织机等棉花加工农具。

纺 车

米、面历来是大多数中国人的粮食。在粮食加工方面，中国古代创制和使用的机具不但多种多样，而且相当巧妙和先进。为使谷粒脱掉糠皮，至迟在两千多年前的西汉末年就已将杵臼发展成为脚踏碓、畜力碓和水碓。到公元3世纪时，水碓又发展为连机碓。它的动力装置是一个大的立式水轮，靠水流冲击而旋转。轮轴的长短是根据水力可带动碓的多少而定的。轴上装些相互错开的拨板以拨动碓杆，使碓头一起一落进行舂米。这是凸轮传动的实际应用。凡溪流河边有一定水势的地方都可装置连机水碓，日夜可以工作。在2000多年前，中国还发明了将谷物、豆类加工成面粉的石磨（亦称硙）。碓的工作是间歇性的，磨则是连续工作，与罗筛配合使用，去麸皮即得面粉。有人推的或畜拉的，后来又有水磨、风磨，以及通过齿轮传动同时连转的八连磨、九连磨等。上述很多机具都有千年以上的历史，其中有些在新中国成立后的相当长时期内，还在许多农村继续为人们所使用。将棉花由籽棉加工成皮棉叫轧花（或轧棉），在中国早有专门机具从事这项作业。《王祯农书》中载有一种轧车，结构简单轻巧，尤其装有偏心和利用惯性力的飞轮，操作者非常省力。此种机具在中国农村广泛使用，距今至少已有670多年了。

水 碓

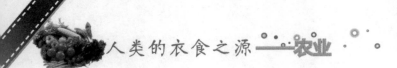

◆ 运输农具

农业生产中运输量很大，因此农业运输工具极为重要。在中国古代，车和船都发明的非常早，至迟在商代就已使用车、船和风帆，并有4匹马驾的车辆出现。秦汉时期，造船技术已很高，可造载量50～60吨的木船，农村一般使用的是小车和小船。东汉时，出现了小型、轻便、很适合小道山路运输的独轮车普遍使用，还一直沿用到近代。类似《王祯农书》中所载的农舟、农家使用的小船，现在也有不少水乡农户仍在使用着。

担、筐、驮具、车是农村主要的运输农具。担筐主要在山区或运输量较小时使用，车主要在平原、丘陵地区使用，其运载量较大。

总之，我国古代在农具发明创造方面的成就是伟大的，且在相当长的时期内一直处于世界领先地位。这是古老的中华民族勤劳、智慧的生动体现，是中国古代文化的组成部分，是对人类科技发展的宝贵贡献。这些创造与精耕细作的农业生产技术相结合，贯穿着从实际情况出发和因地、因时制宜的原则，日益形成了中国农具的特色。

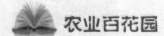 农业百花园

纺车分类

中国古代纺纱工具分手摇纺车、脚踏纺车、大纺车等几种类型。手摇纺车据推测约出现在战国时期，也称轩车、纬车和繀车。常见由木架、锭

子、绳轮和手柄4部分组成，另有一种锭子装在绳轮上的手摇多锭纺车。脚踏纺车约出现在东晋，由纺纱机构和脚踏部分组成。其纺纱机构与手摇纺车相似，脚踏机构则由曲柄、踏杆、凸钉等机件组成，踏杆通过曲柄带动绳轮和锭子转动，完成加捻牵伸工作。北宋后期出现大纺车，结构由加捻卷绕、传动和原动3部分组成，原动机构是一个和手摇纺车绳轮相似的大圆轮，轮轴装有曲柄，需专人用双手来摇动。南宋后期出现以水为动力驱动的水转大纺车，元代盛行于中原地区，主要用于加工麻纱和蚕丝，是当时世界上先进的纺织机械。原动机构为一个直径很大的水轮，水流冲击水轮上的辐板，带动大纺车运行。大纺车上锭子数多达几十枚，加捻和卷绕同时进行，具备了近代纺纱机械的雏形，一昼夜可纺纱100多斤，比西方水力纺织机械约早400多年。近代社会，纺车已逐步发展为织布机。但由于科技发展，纺车与织布机均逐渐淡出人们的视线。

纺　车

现代农业机械

机械，源自于希腊语mechine及拉丁文mecina，原指"巧妙的设计"，可以追溯到古罗马时期。机械的特征有：是一种人为的实物构件的组合；机械各部分之间具有确定的相对运动；能代替人类的劳动以完成有用的机械功或转换机械能。农业机械是在作物种植业和畜牧业生产过程中，以及农、畜产品初加工和处理过程中所使用的各种机械。农业机械包括农用动力机械、农田建设机械、土壤耕作机械、种植和施肥机械、植物保护机械、农田排灌机械、作物收获机械、农产品加工机械、畜牧业机械和农业运输机械等。广义的农业机械还包括林业机械、渔业机械和蚕桑、养蜂、食用菌类培植等农村副业机械。

◆ **农业机械的发展简史**

农业机械的起源可以追溯到原始社会使用简单农具的时代。在中国，早在公元前三千年前新石器时代的仰韶文化时期，就有了原始的耕地工具——耒耜；公元前十三世纪已使用铜犁头进行牛耕；到了春秋战国时代，已经拥有耕地、播种、收获、加工和灌溉等一系列铁、木制农具。

公元前90年前后，赵过发明的三行耧，即三行条播机，其基本结构至今仍被应用。到九世纪已形成结构相当完备的畜力铧式犁。在《齐民要术》《耒耜经》《农书》《天工开物》等古籍中，对各个时期农业生产中使用的各种机械和工具都有详细的记载。在西方，原始的木犁起源于美索不达米亚和埃及，约公元前1000年开始使用铁犁铧。

19世纪至20世纪初，是发展和大量使用新式畜力农业机械的年代。1831年，美国的麦考密克创制成功马拉收割机，1936年出现了第一台马拉的谷物联合收获机，1850至1855年间，先后制造并推广使用了谷物播种机、割草机和玉米播种机等。

20世纪初，以内燃机为动力的拖拉机开始逐步代替牲畜作为牵引动力，广泛用于各项田间作业，并用以驱动各种固定作业的农业机械。30年代后期，英国的弗格森创

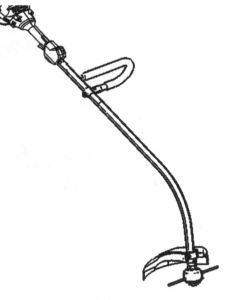

割草机

制成功拖拉机的农具悬挂系统，使拖拉机和农具二者形成一个整体，大大提高了拖拉机的使用和操作性能。

由液压系统操纵的农具悬挂系统也使农具的操纵和控制更为轻便、灵活。与拖拉机配套的农机具由牵引式逐步转向悬挂式和半悬挂式，使农机具的重量减轻、结构简化。40年代起，欧美各国的谷物联合收获机逐步由牵引式转向自走

船式拖拉机

式。60年代，水果、蔬菜等收获机械得到发展。自70年代开始，电子技术逐步应用于农业机械作业过程的监测和控制，这使得农业机械逐步向作业过程的自动化方向发展。

新中国成立初期，广为发展新式畜力农具，如步犁、耘锄、播种机、收割机和水车等。50年代后期，中国开始建立拖拉机及其配套农机具制造工业。1956年，中国首先在水稻秧苗的分秧原理方面取得突破，人力和机动水稻插秧机相继定型投产；1965年开始生产自走式全喂入谷物联合收获机，并从1958年起研制半喂入型水稻联合收获机；1972年创制成功的船式拖拉机(机耕船)，为中国南方水田特别是常年积水的沤田地区提供了多种用途的牵引动力。

◆ 农业机械的分类

农业机械一般按用途分类。其中大部分机械是根据农业的特点和各项作业的特殊要求而专门设计制造的，如土壤耕作机械、种植和施肥机械、植物保护机械、作物收获机械、畜牧业机械，以及农产品加工机械等。农业机械还可按所用动力及其配套方式分类。农业机械应用的动力可分为两部分：一部分用于农业机械的行走或移动，据此可分为人力、畜力牵引、拖拉机牵引和动力自走式等类型；另一部分用于农业机械工作部件的驱动，据此可分为人力驱动、畜力驱动、机电动力驱动和拖拉机驱动等类型。在同一台农业机械上，这两部分可以使用相同的或不同的动力。按照作业方式，农业机械可分为行走作业和固定作业两大类。在行走作业的农业机械中，又有连续行走式和间歇行走式两类。在固定作业的农业机械中，则有在非作业状态下可以转移作业地点的可移动式和作业地点始终固定不变的不可移动式两类。

农田建设机械是用于平整土地、修筑梯田和台田、开挖沟渠、敷设管道和开凿水井等农田建设的施工机械。其中推土机、平地机、铲运机、挖掘机、装载机和凿岩机等土、石方机械，与道路和建筑工程用的同类机械基本相同，但大多数(凿岩机除外)与农用拖拉机配套使用，挂接方便，以提高动力的利用率，其他农田建设机械主要有开沟机、鼠道犁、铲抛机、水井钻机等。

挖掘机

土壤基本耕作机械是用以对土壤进行翻耕、松碎或深松、碎土等所用的机械，包括桦式犁、圆盘犁、凿式犁和旋耕机等；表土耕作机械包括圆盘耙、钉齿耙镇压器和中耕机等；联合耕作机械能一次完成土壤的基本耕作和表土耕作——耕地和耙地，其形式可以是两台不同机具的组合，如铧式犁—钉齿耙、铧式犁—旋耕机等，也可以是两种不同工作部件的组合，由铧式犁体与立轴式旋耕部件组成的耕耙犁等。

植物保护机械是用于保护作物和农产品免受病、虫、鸟、兽和杂草等危害的机械，通常是指用化学方法防治植物病虫害的各种喷施农药的机械，也包括用化学或物理方法除草和用物理方法防治病虫害、驱赶鸟兽所用的机械和设备等。植物保护机械主要有喷雾、喷粉和喷烟机具。

玉米联合收割机

作物收获机械包括用于收取各种农作物或农产品的各种机械。不同农作物的收获方式和所用的机械都不相同，有的机器只进行单项收获工序，如稻、麦、玉米和甘蔗等带穗茎秆的切割；薯类、甜菜和花生等地下部分的挖掘；棉花、茶叶和水果等的采摘；亚麻、黄麻等茎秆的拔取等。有的收获机械则可一次进行全部或多项收获工序，称为联合收获机。例如谷物联合收获机可进行茎秆切割、谷物脱粒、秸秆分离和谷粒清选等项作业；马铃薯联合收获机可进行挖掘、分离泥土和薯块收集作业。

农产品加工机械包括对收获后的农产品或采集的禽、畜产品进行初步加工，以及某些以农产品为原料进行深度加工的机械设备。农产品加工机械的品种很多，使用较多的有谷物干燥设备、粮食加工机械、油料加工机械、棉花加工机械、麻类剥制机械、茶叶初制和精制机械、果品加工机械、乳品加工机械、种子加工处理设备和制淀粉设备等。

农业运输机械是用于运输各种农副产品、农业生产资料、建筑材料和农村生活资料的机械，主要包

独轮手推车

括各种农用运输车、由汽车或拖拉机牵引的挂车和半挂车、畜力胶轮大车、胶轮手推车以及农船等。

◆ 拖拉机的来历

拖拉机来自拉丁语中的trahere，意思是"拉"，是一种用来拖拉、牵引其他不能自行移动设备的装备。一般来说，它是一种用来拖拽其他车辆或设备的车辆。拖拉机分为轮式和履带式两种，最早的拖拉机使用的是铁轮，不仅笨重、容易陷车，而且经常会压伤植物的根。一般说来，拖拉机专指农业上使用的拖拉机。19世纪中叶，拖带农具在田间工作的蒸汽拖拉机已在英、美等国得到应用，但由于蒸汽机操作劳动量大，从而限制了这种拖拉机的发展。19世纪和20世纪早期，最早出现的机械化农业设备是蒸汽拖拉机。采用安全性不高、容易爆炸及困惑驾驶员的蒸汽

引擎，使用履带驱动。这些机器在20世纪20年代由于内燃机的推行而逐步淘汰。

19世纪后期，内燃机获得迅速发展并在拖拉机上得到应用。1892年，美国的弗罗希利奇制造了第一辆以汽油机为动力的农用拖拉机。20世纪初，拖拉机开始进入实用发展阶段，并在欧美各国逐步推广应用。30年代，充气轮胎取代了过去带锥形齿的铁轮，提高了拖拉机的工作速度和生产率，改善了燃油经济性和拖拉机的行驶平顺性。同一时期，英国创制液压控制的三点悬挂装置，使拖拉机及其配套工作机具形成为有机联系的一个整体，从很大程度上简化了工作机具的升降操纵，提高了作业质量。农业拖拉机被用于拖拽农业机械或拖车，还用以耕作、收割或其他类似的任务。

现代拖拉机的基本结构仍与

拖拉机

30年代的大体相同，但在性能和结构上都有大幅度的提高和改进。其标志是：具有高的生产率和经济性指标；从动力输出到各种操纵机构广泛采用液压技术；可靠性和耐久性有很大提高；乘坐的舒适性、安全性和操作方便性大为改善。现代农用拖拉机通常有四个脚踏板供驾驶者操纵。左边的脚踏板用于操纵离合器，驾驶者踩下此踏板使变速箱分离，以便换档或使拖拉机停下来。右边的两个踏板刹车，分别用来制动左右后轮，在后轮驱动车辆中采用这种方式，可以增大车辆的转向角度。在急转弯时经常会遇到这种情况。同样，在泥浆或软土上行驶时，车辆经常打滑，所以也会用到。驾驶者同时踩下两个踏板使拖拉机停下来。当四轮驱动拖拉机以一定速度行驶时，通过接合四轮锁止式差速器可使拖拉机停止下来。

中国的拖拉机工业是在中华人

民共和国成立后才发展起来的。在此之前，仅有少量引进的拖拉机用于农田、推土和铲运等作业。1959年，中国第一拖拉机制造厂投入生产。此后又先后兴建了天津拖拉机厂、长春拖拉机厂、江西拖拉机厂、鞍山拖拉机厂、松江拖拉机厂和上海拖拉机厂等。60年代后期和70年代，大部分省、市都建立了地方的手扶拖拉机和小型拖拉机制造厂，从而在中国形成了生产各种功率等级和类型的拖拉机体系。中国绝大多数农业经营单位规模较小，水田地区和山区地块面积小，因而在农业用途上大多数为中小功率拖拉机。

◆ 播种机的来历

公元前1世纪，中国已推广使用耧，这是世界上最早的条播机具，今仍在北方旱作区应用。1636年，希腊制成第一台播种机。1830年，俄国人在畜力多铧犁上制成犁播

机。1860年后，英美等国开始大量生产畜力谷物条播机。20世纪后相继出现了牵引和悬挂式谷物条播机，以及运用气力排种的播种机。20世纪50年代，发展精密播种机。中国从20世纪50年代引进了谷物条播机、棉花播种机等。20世纪60年代，先后研制成悬挂式谷物播种机、离心式播种机、通用机架播种机和气吸式播种机等多种类型，并研制成磨纹式排种器。20世纪70年代，形成播种中耕通用机和谷物联合播种机两个系列，同时还研制成功了精密播种机。

播种机可以分为如下几种类型：一是撒播机。撒插机即是指能够使撒出的种子在播种地块上均匀分布的播种机。常用的机型为离心式撒播机，附装在农用运输车后部。由种子箱和撒播轮构成。种子由种子箱落到撒播轮上，在离心力作用下沿切线方向播出，播幅达8～12米。也可撒播粉状或粒状肥

料、石灰及其他物料。撒播装置也可安装在农用飞机上使用。二是条播机。常用的条插机有谷物条播机，作业时由行走轮带动排种轮旋转，种子按要求由种子箱排入输种管并经开沟器落入沟槽内，然后由覆土镇压装置将种子覆盖压实。其结构一般由机架、牵引或悬挂装置、种子箱、排种器、传动装置、输种管、开沟器、划行器、行走轮和覆土镇压装置等组成。主要用于谷物、蔬菜、牧草等小粒种子的播种作业。三是穴播机。穴插机又称中耕作物播种机，即按一定行距和穴距，将种子成穴播种的种植机械。每穴可播一粒或数粒种子，分别称单粒精播、多粒穴播，主要用于玉米、棉花、甜菜、向日葵、豆类等中耕作物。每个播种机单体可完成开沟、排种、覆土、镇压等整个作业过程。四是精密播种机。精密插种机即以精确的播种量、株

播种机

行距和深度进行作业的播种机，具有节省种子、免除出苗后的间苗作业、苗距整齐的优点。一般是在穴播机各类排种器的基础上改进而成。也有事先将单粒种子按一定间距固定的纸带播种，或使种子垂直回转运动的环形橡胶或塑料制种带孔排入种沟。五是联合作业机和免耕播种机。其与土壤耕作、喷撒杀虫剂、除莠剂和铺塑料薄膜等项作业组成联合作业机，能一次完成上述各项作业。在谷物条播机上加设肥料箱、排肥装置，即可在播种的同时施肥。免耕播种机是在前茬作物收获后直接开出种沟播种，以防止水土流失、节省能源，降低作物成本。

◆ 收割机的来历

收割机是割倒稻、麦等作物的禾秆，并将其铺放在田间的谷物收获机械。1799年，英国最早出现马拉的圆盘割刀收割机。1822年，在割刀上方增加了拨禾装置。1826年，出现采用往复式切割器和拨禾轮的现代收割机雏型，用多匹马牵引并通过地轮的转动驱动切割器。1831至1835年，类似的畜力小麦收割机在美国成为商品。1851年，出现能将割倒的禾秆集放成堆的摇臂收割机。1920年，以后由于拖拉机的普遍使用，同拖拉机配套的收割机开始取代畜力收割机。1952年，中国开始生产畜力摇臂收割机和其他类型的畜力收割机。1962年，中国开始发展机力卧式割台收割机和机侧放铺禾秆的立式割台收割机。为适应北方小麦、玉米间套作地区收获小麦的需要，1977年，中国研制成机后放铺禾秆的立式割台收割机。

（1）卧式割台收割机

卧式割台收割机是由拨禾轮、一条或前、后两条帆布输送带、分禾器、切割器和传动装置等组成。

水稻收割机

作业时，往复式切割器在拨禾轮压板的配合下，将作物割断并向后拨倒在帆布输送带上，输送带将作物送向机器的左侧。双条输送带由于后输送带较前输送带长，使穗头部分落地较晚，而使排出的禾秆在地面铺成同机器行进方向成一偏角的整齐禾条，便于由人工捡拾打捆。卧式割台收割机对稻、麦不同的生长密度、株高、倒伏程度、产量等的适应性较好，结构简单；但纵向尺寸较大，作业时机组灵活性较差，多同15千瓦以下的轮式或手扶拖拉机配套，割幅小于2.0米，每米割幅每小时可收小麦4~5亩。

（2）立式割台收割机

立式割台收割机是将被割断的作物直立在切割器平面上，紧贴输送器被输出机外铺放成条的机械。立式割台收割机有侧铺放和后铺放两种。侧铺放型收割机由分禾器和拨禾星轮（或拨禾指轮）、切割器、横向立式齿带输送器等组成。割下的作物被拨禾星轮拨向输送器上下齿带，输送器将其横向输送到机器一侧铺放。后铺放型收割机则在两分禾器间每30厘米增设一组带拨齿的拨禾三角带、星轮和压禾弹条，使禾秆在横向输送过程中保持稳定的直立状态，到达机器右侧后由一对纵向输送带向后输送，禾秆在压禾板的配合下在机器后方铺放成条。这种机型在套种玉米的情况下可避免将禾条压在玉米苗上，其割幅等于两行玉米间的小麦畦宽。立式割台收割机结构紧凑，纵向尺寸小，轻便灵活，操纵性能好，适于在小块地上收割稻、麦，多同7～9千瓦的手扶拖拉机或15千瓦左右的轮式拖拉机配套。

玉米收割机